HOTSPOTS EUROPAS

Naturführer für Entdecker

6

# Die Camargue

## Rosa Flamingos – weiße Pferde – schwarze Stiere

Gregor Faller

Hotspots Europas Bd. 6
VerlagsKG Wolf • 2020

Die Reihe **Hotspots Europas – Naturführer für Entdecker**
wird herausgegeben von

Ingo Seehafer
Rheinstraße 56
79415 Bad Bellingen
www.seehafer-fotografie.de

mit 165 Farbfotos, 10 farbigen Karten, 8 Farbtafeln und zahlreichen Symbolen

Titelbild: Gregor Faller
Foto hinterer Umschlag von Bettina Faller
Fotos S. 29/2, S. 69/3 von Maika Faller
Restliche Fotos: Gregor Faller
Karten von Rebecca Faller
Piktogramme, Europakarte von Alice Kurscheidt



2., aktualisierte Auflage


ISSN: 2194-5144
ISBN: 978-3-89432-271-7

Satz und Layout: Sigrun Borstelmann, München
Druck: Esser printSolutions GmbH, Bretten

# Inhaltsverzeichnis

# 1 Die Camargue – dem Süden ganz nah

Rosa Flamingos, weiße Pferde und schwarze Stiere – an diese Tiere denkt jeder zuerst, wenn er von der Camargue hört. Die Weite von Himmel und Meer, die südliche Sonne und die salzige Luft mit dem fast ständigen Wind hinterlassen bei Besucherinnen und Besuchern nachhaltige Eindrücke, wenn man nicht mit falschen Erwartungen in dieses Gebiet fährt.

Die Camargue ist ein europaweit bedeutendes Feuchtgebiet und Lebensraum zahlreicher Vögel. Gleichzeitig werden große Teile davon intensiv landwirtschaftlich und touristisch genutzt. Der Besucher muss sich auf diese Situation einlassen. Wenige Kilometer westlich der Camargue liegen die Touristenzentren von Port-Camargue und La Grande-Motte. Am Rand der Betonbauten kann man jedoch erstaunlich viele Tiere entdecken. Diese Orte sind daher ideal geeignet, einen Badeurlaub mit Naturbeobachtungen zu verbinden. Zentrale Gebiete der Camargue sind streng geschützt und dürfen nicht betreten werden, riesige Flächen sind in Privatbesitz und können deshalb auch nicht ohne Absprache mit den Besitzern aufgesucht werden. Wer also als Naturfotograf erwartet, er könne sich in einer einsamen Wildnis an fotogene Tiere heranpirschen, wird enttäuscht sein.

Es gibt in der Camargue durchaus weitläufige Dünen- und Strandlandschaften, die man einsam durchwandern kann, jedoch sind dort auch die Tiere auf riesige Flächen verteilt und nur aus der Ferne zu beobachten. Andererseits sind manche Tiere an Verkehrslärm oder an Strandbesucher gewöhnt, sodass man gerade an belebten Orten recht nahe an diese Tiere herankommt. Die erfolgversprechendste Methode, Vögel zu fotografieren, ist zweifellos der Besuch eines Vogelparks. Manch Naturfotograf wird dies vielleicht als „unsportlich" abtun, andererseits kann man dort auch freilebende Vögel entdecken, die nur zur Futtersuche in den Park einfliegen.

Gute Möglichkeiten zum Fotografieren hat man in der Camargue auch an einigen Stellen aus dem Auto heraus. Viele Straßen durch das Marschland haben eine breite Bankette, auf der man halten und so beispielsweise Bienenfresser fotografieren kann. Das flache Land lässt sich auch sehr gut mit dem Fahrrad erkunden. Der Fahrradsport ist in Frankreich sehr angesehen und verbreitet, in vielen Ortschaften gibt es einen Fahrradverleih. Ich hoffe, Sie haben nun die richtige Erwartungshaltung und sind neugierig auf die Tipps, die ich Ihnen in den folgenden Tourenvorschlägen mache.

Die eigentliche Camargue ist das Mündungsdelta der Rhone in das Mittelmeer und liegt zwischen den Flussarmen Rhone und Kleine Rhone. Westlich der Kleinen Rhone liegt die Kleine Camargue. Eine ähnliche Sumpf-, Dünen- und Lagunenlandschaft breitet sich jedoch noch weiter nach Westen fort.

In diesem Naturführer beschreibe ich Touren, welche in dem Dreieck zwischen La Grande-Motte, Arles und Port-St-Louis liegen. Im Zentrum dieses Dreiecks liegt der etwa 6500 ha große, durchschnittlich nur einen halben Meter tiefe Étang de Vaccarès. Gegen das Meer im Süden sind die Étangs („Lagunen" siehe A–Z) der Camargue durch Dämme und Dünen getrennt. Nach Norden dominieren Reisfelder das Landschaftsbild, gegen Westen breiten sich in der trockenen Sandebene die Reben des Vin du Sable und im Sumpfgebiet weite Salinen aus, östlich der Camargue schließlich liegt ein einmaliges Naturgebiet, die Steinsteppe der Crau, dem wir ebenfalls einen kurzen Besuch abstatten.

*Weites Land zwischen Himmel und Meer: die Camargue.*

# 2 Zur schnellen Orientierung: Symbole

Nachfolgende Symbolsammlung verschafft Ihnen einen schnellen Überblick darüber, was Sie wo und auf welche Art in der Camargue erwarten können.

Nicht nur für die Naturfotografen unter den Leserinnen und Lesern gibt es zusätzlich vier Symbole, die einen Tipp bereithalten, wie Sie an die schönsten Aufnahmen gelangen können.

Selbstverständlich wird in der Hotspots-Serie auch immer mit entsprechenden Symbolen auf die Eignung für Kinder und die Zugänglichkeit der Wege für Menschen mit Behinderungen hingewiesen.

Fußweg, Fußgänger

Dieser Ausflug wird Kindern sehr gut gefallen.

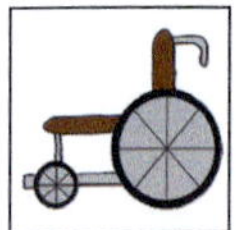
Zugänglich mit Rollstuhl, Kinderwagen

Unzugänglich für Rollstuhlfahrer, bedingt zugänglich für Menschen mit Behinderungen, zugänglich für geländegängige Kinderwagen

Fahrt mit dem Fahrrad empfohlen

Fahrt mit dem Auto möglich

Zugang mit Auto nicht möglich

Parkplatz

Hunde (angeleint!) erlaubt

Hunde, auch angeleint, verboten

Beobachtungshütte oder Beobachtungsturm

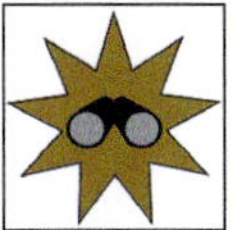

An dieser Stelle können Sie und Ihre Kinder alles bestens beobachten.

An dieser Stelle haben Sie die beste Aussicht auf tolle Fotos.

Hier erwartet Sie ein Tipp zur Weitwinkelfotografie.

Hier erwartet Sie ein Tipp zur Makrofotografie.

Hier erwartet Sie ein Tipp zur Telefotografie.

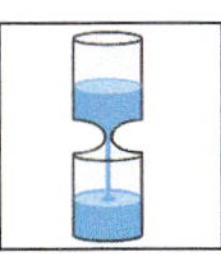

An dieser Stelle lohnt es sich, zu warten und eine längere Zeit zu beobachten.

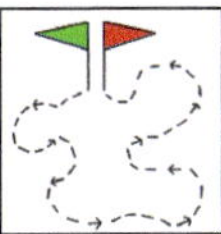

Dieses Symbol weist auf einen Rundweg hin.

Hier gibt es eine interessante Dünenlandschaft.

Hier können Sie Bienenfresser entdecken.

Hier können Sie Flamingos sehen.

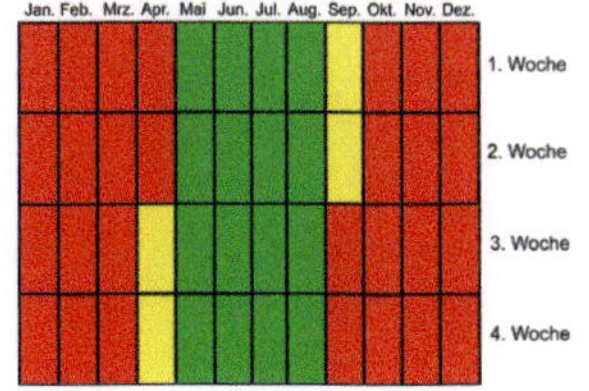


In dieser Tabelle finden Sie für ausgewählte Tier- und Pflanzenarten die optimalen Beobachtungszeiten.
ROT: das Tier/die Pflanze ist nicht zu beobachten
GELB: das Tier/die Pflanze lassen sich hin und wieder beobachten
GRÜN: das Tier ist mit Sicherheit anwesend und lässt sich hervorragend beobachten; die Pflanze blüht oder trägt Früchte

# 3 Die Camargue – erste Schritte

Sie waren noch nie in Südfrankreich? Sie sind naturbegeistert und möchten die Camargue kennenlernen? Dann nur zu, besuchen Sie doch diese eindrückliche Landschaft!

Für einen ersten Besuch ist der Monat Mai sicherlich empfehlenswert. Es herrschen meist angenehme Temperaturen (allerdings kann es windig sein), man kann schon im Meer baden, viele Blumen blühen und die Tierwelt ist mit Balz und Nachwuchs beschäftigt – im Vogelpark können die jungen Reiher beobachtet werden. Und nicht unerheblich: Die Kosten für Unterkünfte betragen nur etwa ein Drittel der Hochsaisonpreise. Im Frühling halten sich noch nicht allzu viele Badegäste in der Camargue auf, nur die Pfingstfeiertage locken viele Franzosen aus dem Landesinnern für ein Badewochenende an die Küste. Ebenfalls günstig ist der Spätsommer – die warmen Abende vermitteln eine mediterrane Stimmung. Einen besonderen Anblick bietet die Camargue im Winter: Dann wird es in der weiten Landschaft einsam und der Eindruck der Wildnis wird offensichtlich.

*Solche Mobile-Homes auf Campingplätzen bieten einen guten Kompromiss aus Komfort und Naturnähe.*

Wenn Sie in der Camargue angekommen sind, erkunden Sie doch zuerst die unmittelbare Umgebung Ihrer Unterkunft zu Fuß. Auf weitläufigen Campingplätzen kann man oft schon die ersten Tiere entdecken, eine Unterkunft in Meeresnähe lädt zu einem Strandspaziergang ein.

*Auf Campingplätzen kann man schon die ersten Tiere entdecken. Auf den Fotos ein Ringeltauben-Pärchen und eine Waldohreule.*

*Auch wenn im Frühling ein kalter Wind weht, eine Stranderkundung lohnt sich allemal.*

Die Reihenfolge der Touren richtet sich an Besucher, welche in der westlichen Camargue eine Unterkunft gefunden haben. Im Gebiet um Le-Grau-du-Roi, Port-Camargue und Aigues-Mortes gibt es sehr viele Wohnmöglichkeiten. Wählen Sie doch die Tour zuerst, die Ihrer Unterkunft am nächsten liegt. Wer in Saintes-Maries-de-la-Mer wohnt, sollte mit Tour 4 und 5 beginnen, wer bei Arles wohnt (empfehlenswerte Häuschen gibt es z. B. in Raphèle-les-Arles), könnte zuerst Tour 6, 7 und 8 auswählen.

Und nun viel Freude und eindrückliche Naturerlebnisse in der Camargue!

# 4 Tour 1 – Strandtour zwischen Port-Camargue und Le Grau-du-Roi

Ganzjährig geeignet für **Tagestouristen und Übernachtungsgäste.**

Die erste Tour führt uns ans Meer, an den Stadtbadestrand von Le Grau-du-Roi. Für einen Naturführer ist dieser Vorschlag vielleicht etwas außergewöhnlich. Jedoch gibt es hier, in einem intensiv touristisch genutzten Gebiet, einiges aus der Tier- und Pflanzenwelt zu entdecken. Dieser Ort ist besonders geeignet, neben einigen interessanten und fotogenen Vogelarten auch die Meereslebewesen des Uferbereichs zu entdecken. Gerade für keschernde Kleinkinder ist dieser flache Badestrand ein Paradies. Und nicht zu vergessen: An den Zugängen zum Strand gibt es einige moderne Toilettenhäuschen und Süßwasserduschen.

Strandpromenade:

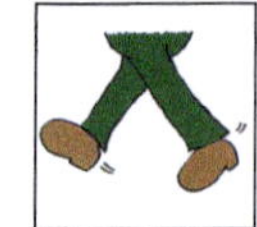

Parallel zum Badestrand führt eine Strandpromenade für Fußgänger und Radfahrer die Küste entlang. Diese Strandpromenade, aus Betonplatten bestehend, ist auch sehr gut für Rollstuhlfahrer geeignet und vom Weg aus hat man immer wieder einen Blick auf das Meer und einige Dünen. Am entspanntesten ist ein Besuch dieses Strandes sicherlich in der Nebensaison. Im Juli bis Ende August ist der Strand sehr stark besucht.

Der Bereich von Port-Camargue bis Le Grau-du-Roi ist durchgehend bebaut. Etwas abseits des Strandes gibt es zahlreiche Parkplätze, die in der Hauptsaison meist belegt sind. In der Nebensaison werden Sie jedoch bestimmt einen Parkplatz finden und können von dort aus den nächsten Weg zum Strand wählen.

Strand:

Die folgende Beschreibung führt von Port-Camargue nach Le Grau-du-Roi.

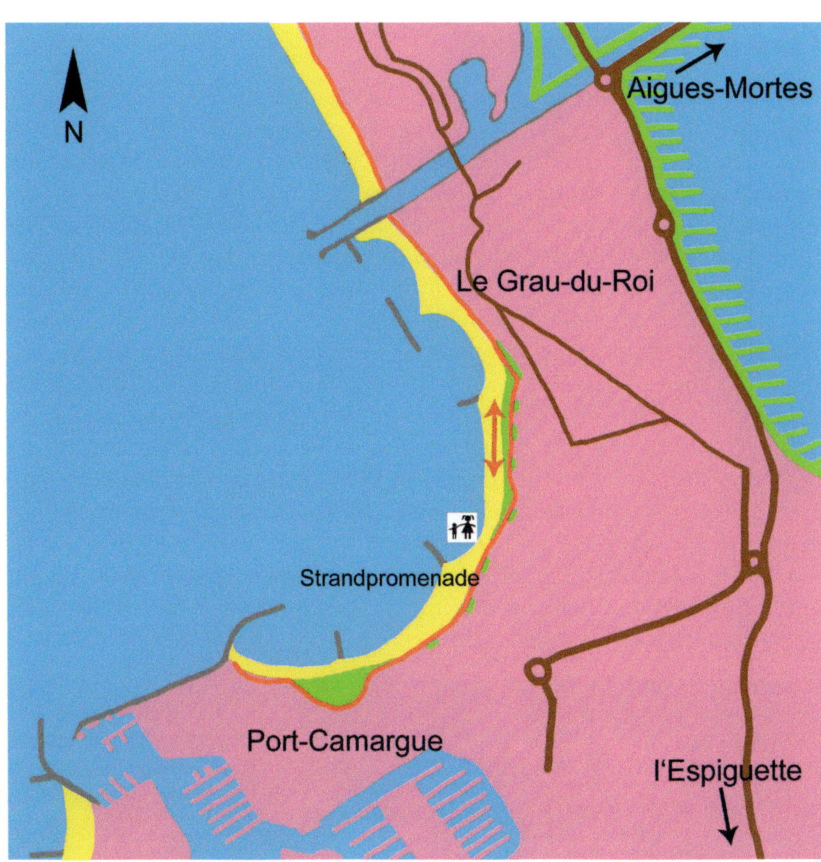


**Das Besondere:** Stadtstrand, an dem überraschend viele verschiedene Vögel und Meereslebewesen entdeckt werden können. Ein malerischer Fischerhafen und die Betonbauten der 1970er Jahre bieten eine kontrastreiche Kulisse.

**Ausrüstung:** Badeutensilien, Taucherbrille, Kescher, Eimer, Kamera (eine wasserdichte ist sehr lohnend), Bestimmungsbuch für Vögel und Muscheln/Schnecken.

# Das gibt es zu sehen

Bis in die Mitte des letzten Jahrhunderts war Le Grau-du-Roi ein kleines Städtchen mit einem Fischereihafen und einigen Seebädern und Hotels, nach Osten zu war die Küste ungenutztes Sumpf- und Dünenland. 1969 wurde jedoch auf diesem Gelände mit dem Bau des Yachthafens Port-Camargue begonnen, der vom Architekten Jean Balladur entworfen wurde. Dieser Architekt entwarf einige Jahre zuvor auch schon die markanten pyramidenförmigen Betonhochhäuser der Feriensiedlungen von La Grande-Motte, etwa 5 km westlich von Le Grau-du-Roi. In Port-Camargue wurde die Idee „vom Bett ins Boot" verwirklicht: 4600 Liegeplätze für Boote direkt neben den Appartementhäusern wurden geschaffen. Inzwischen ist das Land zwischen Port-Camargue und Le Grau-du Roi bis auf einige Grünflächen durchgehend bebaut. Port-Camargue ist mit Le Grau-du Roi durch eine parallel zum Strand verlaufende Promenade verbunden, auf der man ungestört von Autos entlanggehen kann. Selbstverständlich kann man auch direkt am Strand entlang spazieren. Der Sandstrand ist flach, es gibt nur geringen Wellengang und somit macht es auch Spaß, weite Strecken im niederen Wasser zu gehen. Da es auch sanitäre Einrichtungen gibt, ist dieser Strand gut für Familien mit Kleinkindern geeignet. Hier lässt sich ein Badetag schön mit Naturbeobachtungen verbinden.

*Am Strand von Le Grau-du-Roi. Mit Kescher und Sonnenschutz geht es auf Entdeckertour.*

Der Yachthafen von Port-Camargue ist durch eine Mole aus Kalkfelsblöcken vom Badestrand getrennt. Entlang des Sandstrandes zwischen Port-Camargue und Le Grau-du-Roi gibt es sechs solcher Molen, an denen es lohnt, nach Meerestieren Ausschau zu halten. Auf den Felsen wachsen Miesmuscheln, in den Felslücken lauern Strandkrabben. Junge Krabben und kleine Einsiedlerkrebse in ihren Schneckenhäusern finden sich auf den Sandböden im flachen Wasser neben den Molen. Schwärme aus kleinen Fischen ziehen umher. Wo Tang und Seegras wachsen, kann man auch die mit den Seepferdchen verwandten Seenadeln entdecken. Kinder werden mit Begeisterung diese Welt mit dem Kescher erkunden oder am Strand nach Muscheln suchen. Die Schalen von Herzmuscheln und Messermuscheln sind häufig. Wer im Schlick des flachen Wassers gräbt, kann auch leicht die noch lebenden Gestreckten Tellmuscheln finden, die hier in Südfrankreich gerne als Tellines à la Camarguaise gegessen und auf den Märkten verkauft werden. Zur Beobachtung solcher Muscheln lohnt es sich, sie in einen Wassereimer zu setzen. Es ist erstaunlich, wie schnell sie sich mit ihrem zungenförmigen Fuß bewegen und eingraben können.

*Auf den Steinen der Mole leben Napfschnecken, Seepocken und Miesmuscheln.*

*Ein Einsiedlerkrebs.*

*Eine Schwarzkopfmöwe am Strand.*

*Ein Seidenreiher bei der morgendlichen Jagd am Strand. Deutlich erkennt man seine gelben Zehen.*

Morgens und abends, wenn es ruhiger ist am Strand, sind dort immer einige Seidenreiher auf der Jagd. Zu dieser Zeit lassen sich auch die Mittelmeermöwen am Ufer nieder. Tagsüber sieht man sie meist hoch in der Luft in der Thermik kreisen. Auch seltenere Möwenarten kommen manchmal an den Strand, so beispielsweise die Schwarzkopfmöwe. Flussseeschwalben und Brandseeschwalben sind regelmäßig in Ufernähe zu beobachten, manchmal fliegen auch Zwergseeschwalben den Strand entlang. Zwischen Strand und Promenade wurden zur Befestigung des Bodens Tamarisken und Schmalblättrige Ölweiden gepflanzt. Im Frühling ertönt aus diesem Gebüsch der Gesang der Nachtigall. Etwa in der Mitte zwischen Port-Camargue und Le Grau-du-Roi gibt es noch kleinere sumpfige Stellen, an denen man abends die Mittelmeerlaubfrösche hören kann. Diese Frösche zu sehen ist jedoch gar nicht so einfach. Selbst wenn man nur wenige Meter von einem rufenden Laubfrosch entfernt ist, bleibt er doch meist unentdeckt.

*Die Tamariske wächst auch auf leicht salzigen Sandböden und ist charakteristisch für die Camargue. An vielen Stellen wächst sie wild, wird aber auch gerne angepflanzt, um die Dünen zu befestigen. Mehr Bäume und Sträucher auf der Tafel 1 am Ende dieser Tour.*

## Aus dem Leben der Seidenreiher

Die hübschen Seidenreiher sind in der Camargue recht häufig, die zahlreichen Reisfelder bieten ihnen Raum zur Nahrungssuche, gerne pirschen sie auch das flache Wasser der Meeresküste entlang. Der Seidenreiher lässt sich leicht bestimmen. Der ähnlich gefärbte Silberreiher ist um einiges größer und kommt in der Camargue nur ausnahmsweise in Einzelexemplaren vor. Ein wichtiges Unterscheidungsmerkmal zum Silberreiher sind die gelben Zehen der Seidenreiher, die sich gut erkennen lassen, wenn die Tiere auffliegen. Kuhreiher und Rallenreiher, die in der Camargue ebenfalls vorkommen, haben eine gelbliche Grundfarbe und ihr Körperbau ist gedrungen. Einige freilebenden Seidenreiher brüten regelmäßig im Parc Ornithologique Pont du Gau auf Büschen einer Brutinsel. Von einer Beobachtungshütte aus lässt sich das dortige Brutgeschehen mitverfolgen. Der Seidenreiher ist hauptsächlich in Südeuropa verbreitet, seit mehreren Jahren werden einige Exemplare aber auch in Deutschland beobachtet.

*Der Hafen von Le Grau-du-Roi mit seinem charakteristischen Leuchtturm.*

*Restaurierte Segelschiffe, wie sie früher häufig im Mittelmeer eingesetzt wurden.*

*Immer wieder überfliegen Seidenreiher den Strand.*

Gegen Abend kehren Fischerboote zurück in den Hafen von Le Grau-du-Roi. Schon von Weitem sieht man sie, wenn Dutzende Mittelmeermöwen die Boote umkreisen und auf Abfälle hoffen. Bis die Boote einlaufen, ist meist schon aller Fischabfall verfüttert, manchmal verfolgen die Möwen die Boote jedoch bis in den Hafen und auch manch Silberreiher bekommt dann hier noch etwas vom Fisch ab. Dann hat der Fotograf gute Möglichkeiten, nahe an die Tiere heranzukommen.

*Besonders gegen Abend, zur blauen Stunde, wenn die Beleuchtung der Restaurants sich im nun dunkelblauen Wasser spiegelt, der Himmel jedoch noch nicht ganz schwarz ist, ergeben sich die am schönsten illuminierten Aufnahmen.*

Überhaupt ist Le Grau-du-Roi sehr fotogen. Ein 18 Meter hoher Leuchtturm, erbaut 1828, markiert die Mündung des aus Aigues-Mortes kommenden Kanals. Jugendstilvillen, alte Hotels, Restaurants und Cafés prägen die Altstadt. Besonders gegen Abend, zur blauen Stunde, wenn die Beleuchtung der Restaurants sich im nun dunkelblauen Wasser spiegelt, der Himmel jedoch noch nicht ganz schwarz ist, ergeben sich die am schönsten illuminierten Aufnahmen.

Vom Hafen Le Grau-du-Roi starten Bootstouren zu Rundfahrten nach Port-Camargue und La Grande-Motte. Dabei hat man die Gelegenheit, die Küste aus einem anderen Blickwinkel kennenzulernen.

*La Grande-Motte*

## Was gibt es noch zu sehen?

Etwa in der Mitte dieser Tour befindet sich das Seeaquarium Palais de la Mer, das in zahlreichen Becken die Fauna des Mittelmeeres und auch anderer Meere zeigt. Höhepunkte sind ein Glastunnel, der durch ein Haifischbecken führt, sowie ein eindrucksvolles Becken mit Seehunden. Außerdem werden in einer ständigen Ausstellung alte Luftaufnahmen der Gemeinde gezeigt, an denen man deren Baugeschichte mitverfolgen kann.

Le Grau-du-Roi und Port-Camargue sind von Kanälen und Étangs umgeben. Deshalb kann man zahlreiche Wasservögel in unmittelbarer Nähe der Siedlungen entdecken. Flamingos stehen regelmäßig in den Étangs beim Ortsausgang direkt neben der Straße Richtung Aigues-Mortes und auch neben der Straße nach La Grande-Motte. Viele Tiere lassen sich durch haltende Autos nicht stören und so aus recht naher Entfernung ablichten, allerdings gibt es in der Camargue noch ruhigere Orte, um die Tiere zu beobachten.

## Tafel 1: Bäume und Sträucher des Siedlungsbereichs

Erdbeerbaum

Granatapfel

Seidenbaum

Schwarze Maulbeere

Schmalblättrige Ölweide

Chinesischer Klebsame

# 5 Tour 2 – Dünentour an den Strand von l'Espiguette

Ganzjährig geeignet für **Tagestouristen und Übernachtungsgäste.**

Besonders empfehlenswert für naturliebende Badegäste und Familien mit älteren Kindern, in der Hauptsaison jedoch intensiver Badebetrieb.

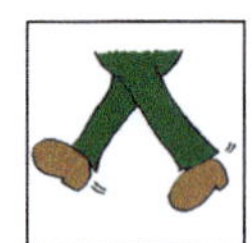

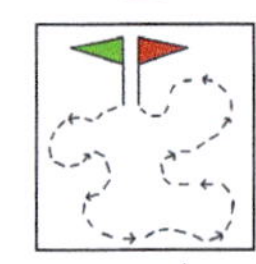

ca. 1,5 km, ohne Badezeiten etwa 1 h

Der Plage de l'Espiguette liegt etwa 5 km südlich von Port-Camargue am Ende der Straße Route de l'Espiguette und ist gut ausgeschildert. Am Ende dieser Straße befindet sich ein riesiger, unbefestigter, gebührenpflichtiger Parkplatz, Ausgangspunkt unserer Tour (Parking Baronnets von April–September Tagesgebühr 6,00 Euro, GPS 43.483698 4.145223). Man kann auch gut mit dem Fahrrad hinfahren. Der Weg vom Parkplatz an den Strand und parallel zu den Dünen verläuft aber meist durch feinen Sand. Um sich mühevolles Schieben zu ersparen, lässt man sein Fahrrad also gut gesichert in der Nähe des Parkplatzes. Vom Parkplatz aus gibt es einige Zugänge durch die Dünen an den Strand. Suchen Sie sich einen aus, um am Rand der Absperrung die Dünen und den Strand zu erkunden.

**Das Besondere:** Eine weitläufige, mediterrane Dünenlandschaft mit der dazugehörenden Strandfauna und -flora.

**Ausrüstung:** Sonnenschutz, Badeutensilien, Getränke, Bestimmungsführer für Pflanzen und Muscheln.

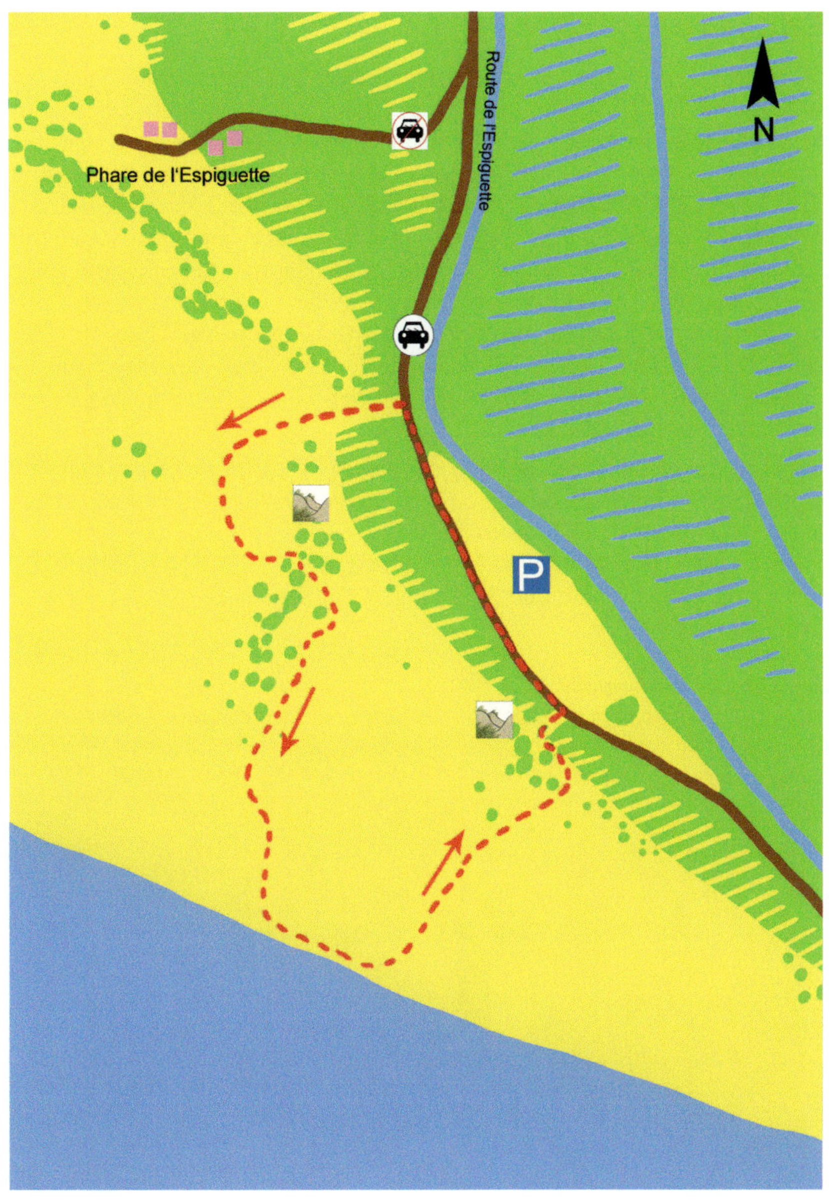
Route de l'Espiguette
N
Phare de l'Espiguette
P

# Das gibt es zu sehen

Während Tour 1 an einen Stadtstrand führt, lernen Sie auf dieser Tour einen weitläufigen Sandbadestrand mit seiner dazugehörenden, an eine Sandwüste erinnernde Dünenlandschaft kennen – mitsamt den besonders an diese Umgebung angepassten Tieren und Pflanzen. Am dicht bebauten Mittelmeer gibt es nicht allzu viele solcher Strände. In den letzten Jahren nimmt das Naturbewusstsein der hiesigen Bevölkerung zu und der Naturschutz hat einen hohen Stellenwert erreicht. Bitte halten Sie sich als Besucher auch daran, empfindliche Gebiete nicht zu betreten. Die Dünen bei l'Espiguette dürfen nur am Rand betreten werden und auch der Leuchtturm befindet sich in einer gesperrten Zone. Viele der hier vorkommenden Tier- und Pflanzenarten entdeckt man aber auch am Rand der Schutzzone oder an anderen Stränden der Camargue. Diese sind jedoch meist nicht so leicht erreichbar.

L'Espiguette ist im Sommer ein sehr beliebter Badestrand und dann viel besucht. Empfehlenswert ist daher ein Besuch im Frühling, während dieser Zeit blühen auch die meisten Blumen der Strandvegetation. Im Gegensatz zu den Stränden der Ortschaften gibt es hier keine sanitären Einrichtungen und das Meer hat stärkere Wellen und Strömungen. Für Kleinkinder ist dieser Strand daher weniger geeignet.

*Der Leuchtturm von l'Espiguette.*

*Auf dem Weg vom Parkplatz an den Strand durchquert man das abgesperrte Dünengebiet. Eine Tafel informiert über die besondere Flora und Fauna (auf Französisch).*

Wir gehen die Absperrung entlang, betrachten die Vegetation und suchen nach interessanten Insekten. Eine Dünenlandschaft ändert sich immer wieder und kann sich von Jahr zu Jahr unterscheiden. Der Besucher möge sich selbst ein Bild davon machen und sich am Rand des Schutzgebietes Pfade suchen.

*Im Frühling blühen Strand-Kamille und Strand-Levkoje.*

*An den Küsten des Mittelmeeres blühen mehrere Arten lilafarbener Kreuzblüter. Die Strand-Levkoje erkennt man an der langen Schote und an deren Ende ohne auffälliger Gabelung, wie sie die ähnliche Dreihörnige Levkoje aufweist.*

*Von der Dünen-Trichternarzisse sind im Frühling nur die bandförmigen Blätter sichtbar. Die eleganten Blüten öffnen sich erst im Hochsommer.*

Auf offenen Sandflächen sind Pflanzen der Sonnenstrahlung voll ausgesetzt. Viele Arten, z. B. die Strand-Levkoje, der Strand-Schneckenklee und Strand-Mannstreu haben als Sonnenschutz eine weiße Behaarung oder eine helle Wachsschicht auf den Blättern.

*Strand-Mannstreu*

*Strand-Schneckenklee*

*Ein charakteristisches Gras der Sandböden ist das hübsche Hasenschwanz-Gras.*

Neben charakteristischen Blumen leben in den Sanddünen auch einige typische Insekten. Im feinen Sand hinterlassen Käfer und Ameisenlöwen auffällige Spuren. Während die mitteleuropäischen Ameisenlöwen, die räuberischen Larven der Ameisenjungfer, einen Fangtrichter an einem festen Ort errichten, gibt es im Mittelmeerraum auch Ameisenlöwen, die langsam unter der Oberfläche umherwandern und dabei eine Spur hinterlassen.

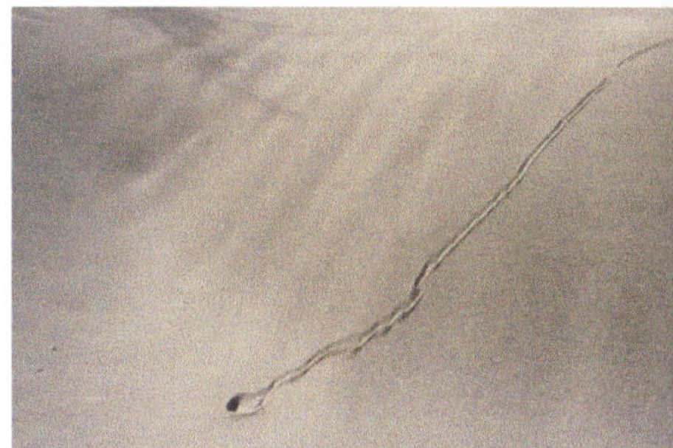

*Eine Spur und ihr Verursacher: Ein Ameisenlöwe. Um das Tier besser sichtbar zu machen, wurde es kurz aus dem Sand gegraben und auf eine Muschelschale gesetzt.*

*Der Schwarzkäfer Pimelia bipunctata ist an Sandstränden nicht sehr selten und die für ein Insekt langlebigen Tiere können in jedem Monat des Jahres gefunden werden. Die Käfer hinterlassen auf der Suche nach Nahrung (z. B. tote Insekten und anderes organisches Material) eine charakteristische Spur im feinen Sand.*

Da viele Käfer keine besonders große Fluchtdistanz haben, können sie auch problemlos mit normalbrennweitigen oder sogar mit weitwinkligen Makroobjektiven aufgenommen werden. Die dunklen Tiere lassen sich bei grellem Sonnenschein wegen der dann hohen Kontraste jedoch nicht zufriedenstellend belichten. Dies gelingt nur bei bedecktem Himmel oder früh morgens oder abends bei weichem Licht – oder Sie setzen einen Diffusor ein. Bei tief stehender Sonne kommen auch die Käferspuren im Sand besser zur Geltung.

*Der Finger-Laufkäfer erinnert auf den ersten Blick an einen Hirschkäfer.*

Wesentlich seltener entdeckt man den bizarren Finger-Laufkäfer. Dieser Käfer erinnert auf den ersten Blick an einen Hirschkäfer. Im Gegensatz zu diesem ist der Finger-Laufkäfer jedoch ein Jäger, der mit seinen riesigen Mundwerkzeugen in der Nacht auf Schneckenjagd geht.

Es ist schon erstaunlich, wie viel Gehäuseschnecken es in den sandigen Dünen gibt. Die Schnecken sind aber nur nachts oder in der Dämmerung aktiv, die Hitze des Tages verbringen die Gehäuseschnecken starr in der Vegetation, der Finger-Laufkäfer versteckt sich in dieser Zeit in einer Sandhöhle. An regnerischen Tagen im Frühling ist er auch manchmal tagsüber aktiv.

*Dutzende von Gehäuseschnecken überdauern die Tageshitze.*

*Vom Rand der Vegetation sind es noch etwa 150 Meter bis zum Meer. Am Strand von l'Espiguette wurden schon einige Male Meeresschildkröten ausgesetzt, welche in Fischernetze gerieten und im See-Aquarium von Port-Camargue gesund gepflegt wurden.*

## Welche Tiere gibt es noch?

Die Salinen von Aigues-Mortes sind nicht weit und in der näheren Umgebung gibt es weitläufige Gebiete mit Marschland. Viele der Camargue-typischen Vögel können also auf dem Weg hierher entdeckt werden.

*In der Umgebung von l'Espiguette brüten Brandgänse.*

## Aus dem Leben der Camarguepferde

Auf dem Weg zum Strand von l'Espiguette kommt man an einigen Pferdehöfen vorbei. Hier werden Ausritte auf den berühmten Camarguepferden angeboten. Es gibt kurze Touren durch das Brachland um die Höfe, längere Touren führen auch an den Strand von l'Espiguette bis zum Meer.

Die weißen Camarguepferde sind klein, haben einen kompakten Körperbau und sind hervorragend an das Leben in den Sümpfen des Rhonedeltas angepasst. Als einzige Pferderasse können die Tiere das Gras sogar unter Wasser abweiden, weil sie ihre Nüstern schließen können. Einige Herden leben halbwild auf den riesigen Ländereien mancher Höfe.

Das Camarguepferd ist für die Guardians, die Viehhirten, bei der Betreuung der schwarzen Stiere unverzichtbar. In langer Tradition werden die Pferde zu diesem Zweck gezüchtet: seit über 2000 Jahren. Bereits Cäsar ließ bei Arles zwei Gestüte für diese Rasse errichten.

Die Tiere sollen widerstandsfähig, genügsam, robust und ausdauernd sein. Sehr viele Pferde werden heutzutage im Tourismus als Reitpferde eingesetzt. Die weiße Farbe der Tiere, die vor Hitze und starker Sonneneinstrahlung schützt, bekommen die Pferde erst im Alter von etwa sechs Jahren, manche sind erst mit zehn Jahren vollkommen weiß. Bei der Geburt sind die Fohlen noch grau oder braun.

*Die Fohlen sind noch braun gefärbt.*

## Blick in die Umgebung

Unbedingt sollten Sie Aigues-Mortes besuchen. Die bestens erhaltene Ringmauer um die Altstadt ist nicht nur aus historischem Interesse ein lohnendes Ziel. Von dort aus hat man eine schöne Sicht auf die Salinen und auf charakteristische Camargue-Landschaft. Unzählige Mauersegler und auch ein paar Fahlsegler sausen über der Mauer durch die Luft.

*Die sehr gut erhaltene Ringmauer um die Altstadt von Aigues-Mortes.*

## Tafel 2: Strandblumen

Strand-Kamille

Dünen-Trichternarzisse

Strand-Levkoje

Meersenf

Gelber Hornmohn

Strand-Mannstreu

# 6 Tour 3 – Camargue-Rundfahrt

Ganzjährig geeignet für **Tagestouristen und Übernachtungsgäste.**

Beginn der Tour ist beim Mas de Sylvéréal, das etwa 16 km östlich von Aigues-Mortes kurz vor der Brücke über die Petit Rhône liegt (GPS 43.548095 4.345722). Allerdings überqueren wir diese Brücke erst zum Schluss der Tour. Zum Start wählen wir die kleinere Straße, welche nach Süden Richtung Saintes-Maries-de-la-Mer über die Bac du Sauvage führt.

Diese Straße verläuft parallel zur Petit Rhône an kleineren Siedlungen vorbei. Nach einigen Kilometern liegen auch weitläufige Ländereien mit Weiden und Reisfeldern direkt neben der Straße, bis man schließlich die Fähre Bac du Sauvage erreicht. Nach dem Überqueren der Petit Rhône führt die Straße weiter nach Süden durch offenes Land an Pferdehöfen vorbei, bis man schließlich nach Westen parallel zur Küste fährt und bald Saintes-Maries-de-la-Mer erreicht.

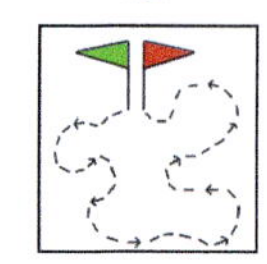

ca. 33 km, mit dem Auto ca. 1 ½ h, mit dem Fahrrad ca. 3 h

Wer ein Fahrrad mieten will, kann natürlich auch hier die Rundtour starten und beenden.

Nun fahren wir nach Norden weiter, allerdings nicht auf der breiten D570 Richtung Arles, sondern auf der östlich gelegenen D85A, welche an Cacharel vorbei nach Pioch Badet führt. Auf dieser Strecke erblicken wir das typische weite Marschland der Camargue mit seinen salzigen Sümpfen. Am Ortsrand von Pioch Badet biegen wir scharf nach Süden Richtung Saint-Maries auf die D570 ab, verlassen jedoch diese viel befahrene Straße nach nicht ganz einem Kilometer und biegen auf die D38B ab. Diese führt in nordwestliche Richtung nach Aigues-Mortes durch Sümpfe, Weiden und Reisfelder und über eine Brücke wieder nach Mas de Sylvéréal.

**Das Besondere:** Fahrt durch die charakteristische Camargue. Jedoch nicht nur Pferde, Stiere und Flamingos erwarten Sie hier. Auch attraktive Blumen, Bienenfresser, Wiedehopf und – mit Glück – auch Eisvogel und Blauracke können entdeckt werden.

**Ausrüstung:** Je nach Fahrmittel angepasste Kleidung, Getränke, Fernglas, Bestimmungsbuch.

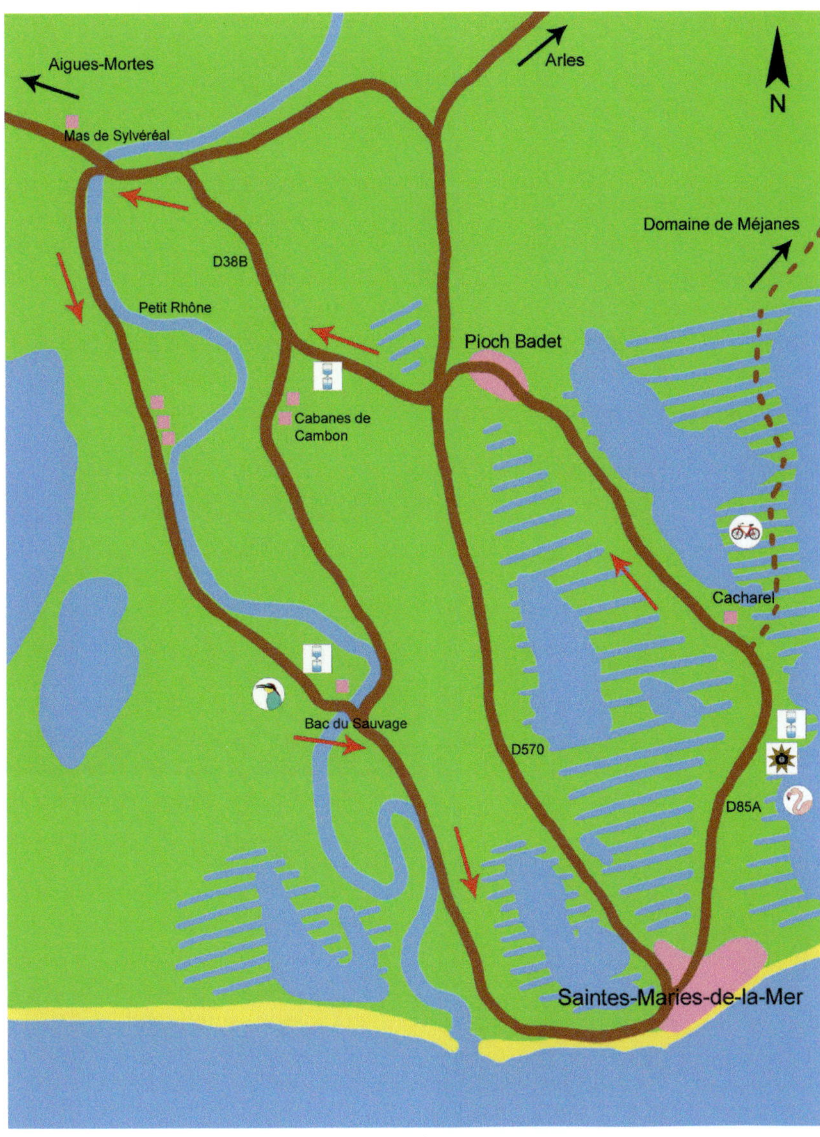
Aigues-Mortes
Arles
N
Mas de Sylvéréal
Domaine de Méjanes
D38B
Petit Rhône
Pioch Badet
Cabanes de Cambon
Cacharel
Bac du Sauvage
D570
D85A
Saintes-Maries-de-la-Mer

# Das gibt es zu sehen

Auf dieser Tour gelangen Sie in die eigentliche Camargue, welche im Delta zwischen Petit Rhône und Grand Rhône liegt. Sie zeigt Ihnen den westlichen Teil der Camargue.

Der erste Abschnitt der Rundtour führt am Damm der Petit Rhône entlang. Das Gebiet westlich dieser Strecke wird Petite Camargue genannt. Direkt neben der Straße gibt es mit Schilf bewachsene Gräben. Das Schilf wird zwar immer wieder gemäht, jedoch kann man mit Glück einige interessante und schöne Blumen entdecken. Das in Deutschland äußerst seltene Sumpf-Knabenkraut (siehe Tafel 6 auf Seite 71), die Steppen-Schwertlilie (siehe Tafel 3 am Ende dieses Kapitels) sowie Gladiolen stehen manchmal am Straßenrand.

*Im Mittelmeerraum gibt es mehrere der eleganten Gladiolen-Arten.*

*Ein Pfad führt ein kleines Stück die Petit Rhône entlang.*

Leider findet man an dieser Straße nur wenige Parkmöglichkeiten, gelegentlich gibt es jedoch Wege auf den Damm, an denen man anhalten und einen Blick auf die Petit Rhône werfen kann.

*Ein Eisvogel nutzt einen umgestürzten Baum als Jagdansitz.*

Für formatfüllende Aufnahmen muss man allerdings selbst mit langen Teleobjektiven sehr nahe an die kleinen Eisvögel herankommen. Ohne tagelange Ansitze im Tarnzelt ist dies praktisch unmöglich.

## Aus dem Leben der Osterluzeifalter

In der Camargue fliegen nicht so viele Schmetterlingsarten wie in den Bergen der Provence oder des Languedoc im Hinterland, da die Biotope des Flachlands nicht so vielfältig strukturiert sind. Eine bemerkenswerte Tagfalterart hat jedoch im Gebiet des Rhonedeltas ihren französischen Verbreitungsschwerpunkt – der Osterluzeifalter. Mit Glück kann man den hübschen Schmetterling in der Umgebung der Petit Rhône entdecken.

Osterluzeifalter gehören zu den Ritterfaltern, zu denen auch der Schwalbenschwanz und der Segelfalter gehören, die ebenfalls in der Camargue vorkommen. Es gibt zwei Osterluzeifalterarten in Europa, den südwesteuropäischen Spanischen Osterluzeifalter und den hauptsächlich im südosteuropäischen Raum fliegenden Osterluzeifalter. In Südfrankreich kommen beide Arten vor.

Der Spanische Osterluzeifalter fliegt in der trockenen Garrigue des Hinterlandes, einige Nachweise dieser Art kommen aber auch aus entsprechenden kleineren Biotopen vom Rand der Camargue.

In der Camargue eher anzutreffen ist jedoch der Osterluzeifalter. Er kommt in Südfrankreich auf offenen Brachflächen entlang der Flüsse oder am Ufer der Étangs vor. Bereits ab Ende März beginnt die Flugzeit diese Falters, im späten Frühling fressen seine auffälligen Raupen an der Rundknolligen Osterluzei.

*Der Osterluzeifalter*

*Die Raupe des Osterluzeifalters*

Diese giftige Pflanze wächst beispielsweise am Ufer der Petit Rhône. Auch bei der Tour 6, La Capelière, kann man diese Osterluzei an sumpfigen Stellen des Wegrandes entdecken. Beim Fressen nehmen die Raupen Giftstoffe der Nahrungspflanze auf und werden dadurch selbst für Vögel ungenießbar. Und auch der später schlüpfende Falter ist noch durch Giftstoffe vor Fressfeinden geschützt.

Links und rechts der Straße sieht man bald riesige Ländereien mit Weiden und Reisfeldern, die in Privatbesitz sind. Daher hat man keinen Zugang in diese Gebiete. Jedoch bieten einige der Höfe auch gut ausgestattete Ferienwohnungen an, beispielsweise das Mas du Grand Sauvage mit seinen 2000 ha Land.

Auf den Überlandleitungen entlang der Straße sitzen gerne Bienenfresser und halten Ausschau nach Libellen und anderen Fluginsekten. Die Bienenfresser sind hier fast immer vom späten Frühling bis späten Sommer anzutreffen. Mit Glück entdeckt man in dieser Zeit auch die leuchtend blau gefärbte Blauracke.

*Der Bienenfresser*

*Reisfelder prägen die Camargue-Landschaft.*

Mit einem längeren Teleobjektiv (hier waren es 560 mm Brennweite), kann man Bienenfresser auch ohne aufwändige Tarnung aus dem Auto oder sogar bei der Fotopirsch zu Fuß fotografieren.

*Kostenlose Fähre Bac du Sauvage*

Bald erreichen wir die kostenlose Fähre Bac du Sauvage. Sie überquert alle halbe Stunde die Kleine Rhône: Oktober bis März 7:00-12:00 Uhr und 13:30-18:30 Uhr, April bis September 6:00-12:00 Uhr und 13:30-20:00 Uhr.

Nun sind wir im zweiten Teil der Tour und nach weiteren 7 km sehen wir schon Saintes-Maries-de-la-Mer mit seiner markanten Wehrkirche.

***Saintes-Maries-de-la-Mer mit seiner markanten Wehrkirche.***

*Die D85A führt durch offene Landschaft mit Étangs und Marschland.*

Wir verlassen Saintes-Maries-de-la-Mer nach Norden auf der D85A. Diese Straße besitzt eine breite Bankette und man kann auch mit dem Auto fast überall anhalten, wenn sich eine Fotogelegenheit bietet. Immer wieder fliegen Flamingos vorbei oder verschiedene Reiher jagen in den Kanälen am Straßenrand.

Etwa 4 km nördlich von St.-Maries biegt eine Schotterpiste nach Nordosten ab, die nach etwa 10 km zur Domaine de Méjanes führt. Diese Strecke ist jedoch für Autos gesperrt. Wer möchte, kann zu Fuß oder mit dem Fahrrad einen Abstecher auf diese Piste machen.

Unser Rundweg führt weiter nach Nordwesten, vorbei an Seeschwalbenkolonien – allerdings sind die Tiere nicht in Fotoentfernung. Das Marschland bleibt hinter uns, Gräben mit Schilf und Weideland werden sichtbar, wir kommen zum Örtchen Pioch Badet. Hier werden zahlreiche Pferde und Stiere auf großen Weiden gehalten. Nach Westen gibt es Süßwassersümpfe mit ausgedehnten Beständen der im Mai blühenden Sumpf-Schwertlilie.

*Ein Meer aus Sumpf-Schwertlilien.*

Auf zuerst schmalen Straßen geht unser Rundweg nördlich der Cabanes de Cambon vorbei wieder Richtung Aigues-Mortes. Auch bei den Cabanes de Cambon werden zahlreiche Pferde gehalten. Manchmal sieht man sie mit einem Kuhreiher auf dem Rücken. Auf den Weiden sind Wiedehopfe häufig. Besonders schön und stimmungsvoll wirkt diese Landschaft im Licht der tiefstehenden Abendsonne.

*Halten Sie respektvollen Abstand vor den Camargue-Stieren.*

*Camargue-Pferde mit Kuhreiher.*

*Ein Wiedehopf füttert sein Junges.*

*Mit Glück entdeckt man eine Blauracke am Straßenrand.*

## Tafel 3: Wilde Schwertlilien der Sümpfe

Sibirische Schwertlilie

Sumpf-Schwertlilie

Steppen-Schwertlilie

# 7 Tour 4 – Vogelparktour

Ganzjährig geeignet für **Tagestouristen und Übernachtungsgäste.**

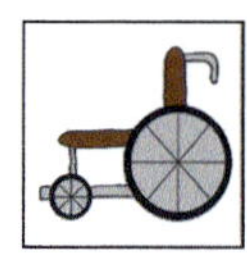

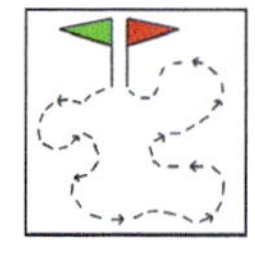

2,6–7 km, mindestens 2 h für den kurzen Rundweg

Nun möchten Sie bestimmt die Vogelwelt der Camargue näher kennenlernen. Dazu ist auf jeden Fall der Besuch des Parc Ornithologique Pont de Gau empfehlenswert. Er liegt etwa 4 km nördlich von Saintes-Maries-de-la-Mer an der D570. Außer am 25. Dezember ist er täglich geöffnet: von April bis September ab 9:00 Uhr, von Oktober bis März ab 10:00 Uhr, jeweils bis Sonnenuntergang. Kinder bis 12 Jahre zahlen 5,00, Erwachsene 7,50 Euro Eintritt (GPS 43.488820 4.404029).

Im Vogelpark kann man sich stundenlang aufhalten und Vögel beobachten und fotografieren. Besonders lohnend dafür sind die späten Nachmittags- und die Abendstunden. Zeitweise wird der Park viel besucht, er ist auch beliebtes Ziel von Schulklassen. Aber am späten Nachmittag lichten sich die Besucherströme und gerade, wenn das Licht am Abend am schönsten ist, kann man ungestört fotografieren.

**Das Besondere:** Wohl nirgends kommen Sie so nah an die Vögel heran und es bieten sich einmalige Einblicke in das Brutgeschehen von Seiden- und Graureiher und auch zahlreicher anderer Vogelarten.

**Ausrüstung:** Je nach Wetterlage angepasste Kleidung. Im Sommer sind Sonnen- und Mückenschutz empfehlenswert. Auch mit einer kleinen Fotoausrüstung lassen sich hier brauchbare Bilder machen (denken Sie an eine Kompaktkamera für die Kinder), für Vogelporträts sind jedoch Teleobjektive notwendig. In der Ferne lassen sich auch immer wieder Besonderheiten entdecken. Hier helfen ein Feldstecher und ein Bestimmungsbuch.

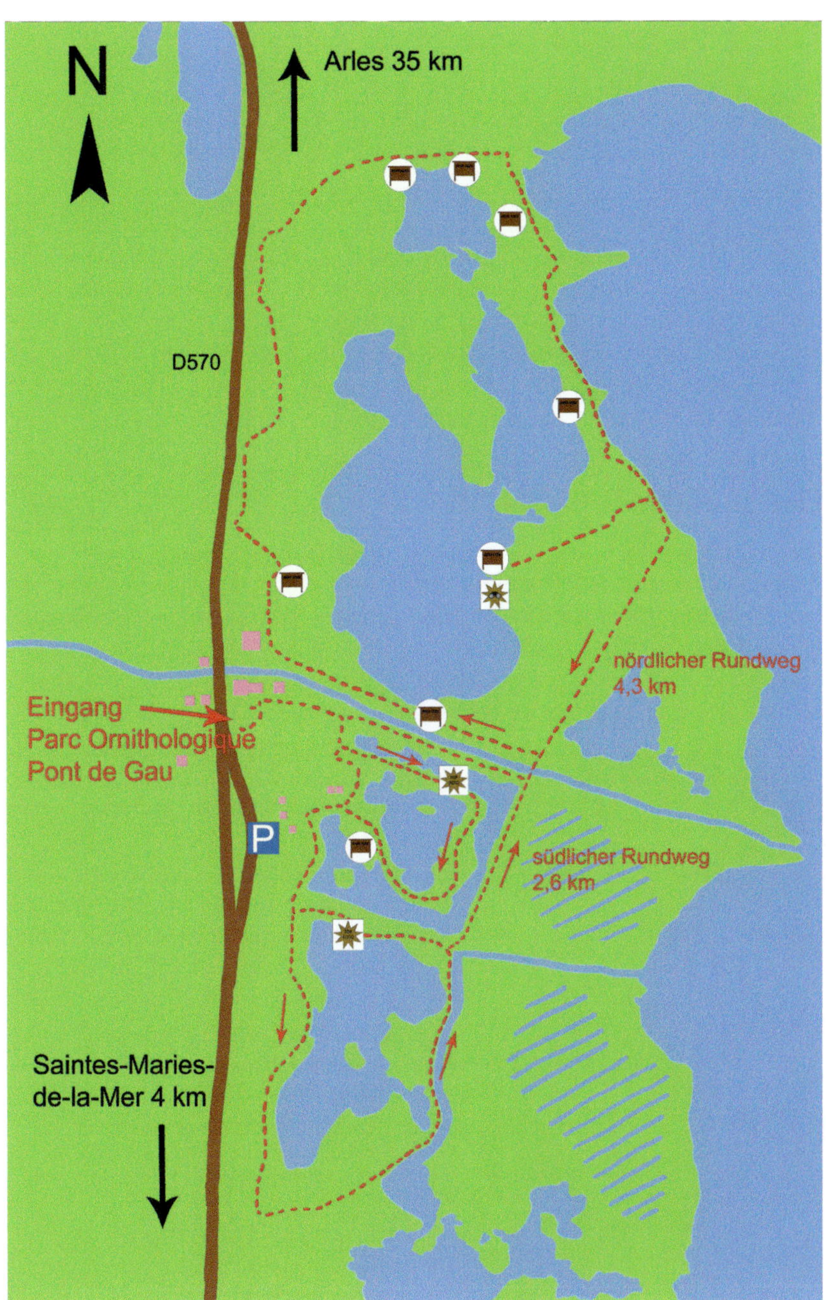
N
Arles 35 km
D570
nördlicher Rundweg
4,3 km
Eingang
Parc Ornithologique
Pont de Gau
P
südlicher Rundweg
2,6 km
Saintes-Maries-
de-la-Mer 4 km

# Das gibt es zu sehen

Der Vogelpark wurde 1949 gegründet. Anfangs wurden die Vögel in Volieren gehalten, schrittweise wurde der Park jedoch immer weiter vergrößert und mittlerweile kann man auf dem 60 ha großen Gebiet auch zahlreiche freilebende Vögel beobachten.

Um den Eingangsbereich des Parks finden sich Informationstafeln und Volieren mit verschiedenen, für die Camargue typischen Vogelarten. Triel, Steinhuhn und diverse Greifvögel wie Milane und Falken kann man hier aus der Nähe betrachten. In den ersten Teichen um den Eingang stehen auch Flamingos mit gestutzten Flügeln. Die meisten Vögel fliegen jedoch frei in den Park ein, weil sie hier regelmäßig gefüttert werden und beispielsweise die Reiher geeignete Brutbäume finden.

## Der südliche Rundweg

Wenn Sie nur einen halben Tag im Park verbringen möchten, empfehle ich Ihnen den kürzeren, südlichen Rundweg. Im Eingangsbereich des Parks stehen zahlreiche Informationstafeln über die Fauna der Camargue (allerdings in französischer Sprache). Danach bietet sich die Gelegenheit, Getränke zu kaufen und sich auf einer Terrasse am Rand eines Teiches niederzulassen, um von dort aus bereits die ersten Vögel zu beobachten. In diesem Bereich gibt es auch Toiletten. Weitere Sitz- und Rastgelegenheiten finden sich über den gesamten Park verteilt. Auf diesem südlichen Weg kommen Sie an den Volieren vorbei und hier werden Sie die meisten Vögel entdecken. Verschiedene Entenarten, Rallen und Flamingos befinden sich schon in den ersten Teichen. Ein fotografisches Highlight sind im Frühling und im frühen Sommer jedoch die brütenden Grau- und Seidenreiher in den Tamariskenbäumen. Eine solch bequeme Möglichkeit, das Brutgeschehen der Reiher zu verfolgen, bietet sich sonst wohl nirgendwo.

*Einige Greifvögel, wie verschiedene Falkenarten, Schmutzgeier und auch der Schwarzmilan auf dem Foto, werden in Volieren gehalten.*

*Im Prachtkleid hat der Erpel der Kolbenente einen auffallend schokobraunen, dicken Kopf.*

*Die jungen Seidenreiher sind fast immer hungrig.*

*Seidenreiher am Brutbaum*

*Am Nest der Graureiher*

*Auch auf einer Insel brüten verschiedene Reiher.*

*Kuhreiher*

*Flamingos stehen oft etwas langweilig im Wasser. Nutzen Sie es fotografisch aus, wenn sich die Tiere putzen oder auch streiten.*

*Am Teich im südlichen Bereich des Parks lassen sich die Flamingos schön beobachten und fotografieren.*

Am südlichen Ende des Parks kann man sehr gut Flamingos in natürlicher Umgebung fotografieren. Hier werden die Tiere am frühen Abend gefüttert und zahlreiche Flamingos fliegen dann auch von außerhalb des Parks ein. Auf einer Insel im flachen See brüten Seeschwalben und Schwarzkopfmöwen.

*Gerade Kindern wird es gefallen, so nah an die zahlreichen Vogelarten heranzukommen und vielleicht eine rosa Flamingofeder am Ufer zu finden.*

*Von Beobachtungstürmen hat man einen schönen Überblick über die Landschaft.*

## Blick in den nördlichen Parkbereich

Während der südliche Rundweg den Park an einen Zoo erinnern lässt, gelangt man auf dem nördlichen Rundweg in die Weite der charakteristischen Camargue-Landschaft. Man überquert auf einer schmalen Brücke einen Kanal und hat von dort einen schönen Blick auf ein weites Schilffeld.

Danach gelangt man in das typische Marschland. Stellenweise wird dieser Rundweg zu einem schmalen Pfad und ist daher nicht durchgängig für Rollstühle geeignet.

Dieser nördliche Rundweg wird nur von wenigen Parkbesuchern benutzt. Für den Naturliebhaber lohnt sich jedoch diese Wanderung, denn hier leben die Vögel unbeeinflusst, der Besucher erlebt die freie Natur. Allerdings ist auf diesem Rundweg die Distanz zu den Tieren erheblich größer. Mit etwas Glück findet man jedoch auch hier lohnende Fotomotive. So brüten die Stelzenläufer im Sumpf, Frösche und Libellen finden sich am Wegrand, manchmal brüten sogar Bienenfresser nicht allzu weit vom Weg entfernt.

Aus der Beobachtungshütte hat man einen schönen Blick auf den See mit einer Insel, auf der auch wieder Schwarzkopfmöwen und Seeschwalben brüten. Im östlichen Bereich dieses Rundwegs durchquert man sumpfiges Marschland, im nördlichen Bereich weiden einige weiße Camargue-Pferde, im westlichen Bereich ist der Untergrund trockener und im Frühling blühen hier auch ein paar Orchideen, z. B. die Bienen-Ragwurz und die Riemenzunge (siehe Tafel 6 auf Seite 71).

*Im sumpfigen Gelände des Parks brüten regelmäßig wilde Stelzenläufer.*

*Auch im nördlichen Teil des Parks gibt es eine Insel, auf der Schwarzkopfmöwen und auch andere Möwen- und Seeschwalbenarten brüten.*

## Tafel 4: Vogelporträts

Rosaflamingo

Weißstorch

Stockente

Stockente Erpel

Kanadagans

Stelzenläufer

# 8 Tour 5 – Fahrrad-Tour: den Deich Digue à la Mer entlang

Ganzjährig geeignet für **Tagestouristen und Übernachtungsgäste.**

Diese Deichtour sollte mit dem Fahrrad durchgeführt werden. Selbstverständlich kann man auch zu Fuß zumindest ein Stück weit den Damm gehen. Parallel zum Fahrradweg auf dem Damm führt auch eine Schotterpiste den Strand entlang. Zeitweise, je nach Windrichtung, darf diese Piste einige Kilometer auch mit dem Auto befahren werden, wenn man einen Parkschein löst. Ein Informationsschild hierzu steht am Ortsausgang.

hin und zurück ca. 25 km, Fahrzeit etwa 2 h, zusätzlich sollten Sie noch 2 h für Beobachtungen einplanen

Die Tour beginnt im Zentrum von Saintes-Maries-de-la-Mer.

Wer kein Fahrrad auf der Reise dabei hat, kann sich – keine hundert Meter von der Wallfahrtskirche entfernt, an der Avenue-de-la-Republique – eines für etwa 10 Euro für den halben Tag leihen. Nun geht die Fahrt immer Richtung Osten. Am südöstlichen Ortsrand überqueren wir auf einer kleinen Brücke einen Kanal. Hier steht auch das Informationsschild für die Autofahrer und hier beginnt die eigentliche Deichtour. Nach etwa 10 km erreichen wir den markanten Leuchtturm Phare de la Gacholle, ein weithin sichtbares Wahrzeichen der Camargue. Von hier aus hat man einen Anschluss zur Tour 7: Étang du Fangassier. Wer es sich zutraut, kann dorthin weiterfahren. Bedenken Sie jedoch, dass die Rückfahrstrecke dann sehr lang wird, und denken Sie an genügend Trinkwasser. Gelegenheitsfahrradfahrer sollten am Leuchtturm wenden und dieselbe Strecke zurückfahren.

**Das Besondere:** „Erfahrung" der Camargue mit allen Sinnen.

**Ausrüstung:** Stabiles, geländetaugliches Fahrrad, Sonnen- und Windschutz, Trinkwasser (ca. 1,5 l), Feldstecher, Vogel-Bestimmungsbuch.

N
Beauduc
Phare de la Gacholle
Digue à la Mer
Saintes-Maries-de-la-Mer

# Das gibt es zu sehen

Nachdem Sie mehr oder weniger viel besuchte Badestrände kennengelernt und die Landschaft und Lebensräume der westlichen Camargue auf geteerten Straßen erfahren haben oder die Vögel der Camargue aus der Nähe im Vogelpark bewundern konnten, führt Sie diese Tour abseits der Autostraße in die Weite der offenen Küstenlandschaft. Lassen Sie die Eindrücke von Sand, Salz, Sonne, Wind, Sumpf, Meer und weitem Horizont auf sich wirken und entdecken Sie die Camargue-typischen Küstenvögel wie verschiedene Möwen- und Seeschwalbenarten, Flamingos und Seidenreiher. Im Sommer sehen Sie Hunderte Libellen und in den Dünen die charakteristischen Tier- und Pflanzenarten, welche auch in l'Espiguette vorkommen.

Gleich zu Beginn der Tour überquert man einen Kanal und hat von dort einen schönen Blick auf das Sumpfland. Hier jagen verschiedene Reiher und Seeschwalben, es lohnt sich, auf günstige Fotogelegenheiten zu warten. Sämtliche Seeschwalbenfotos dieses Kapitels entstanden dort.

*Seidenreiher und Möwen*

*Eine junge Trauerseeschwalbe*

*Eine Zwergseeschwalbe*

*Camargue pur: auf der Digue à la Mer.*

*Auch auf dieser Tour gibt es Informationstafeln zu den Biotopen. Dutzende von Kleinen Königslibellen stehen im Windschatten der Tamarisken in der Luft.*

Zwischen dem Weg auf dem Damm und dem Meer liegt eine einsame Dünenlandschaft. Die Flora und Fauna ist ähnlich wie die von Tour 2. Machen Sie doch einen Abstecher an das Meer.

Auch ein Makroobjektiv sollten Sie bei dieser Tour dabeihaben. Sicherlich entdecken Sie einige interessante Insekten und Blumen.

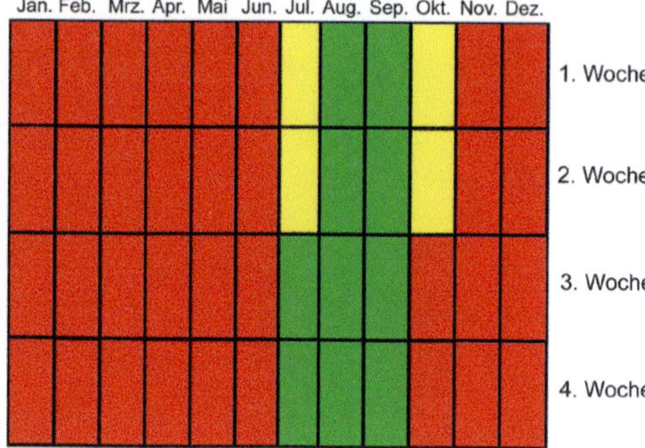


*Blütezeit der Dünen-Trichternarzisse*

*Die hübsche Dünen-Trichternarzisse blüht im Spätsommer. Ihre Blätter sind dann schon teilweise verwelkt.*

*Gut getarnt sitzt ein Eisenfarbiger Samtfalter auf dem Sandfang. Dieser Falter kommt auch in sandigen Gebieten Nord- und Ostdeutschlands vor.*

*Verschiedene Queller-Arten und der violett blühende Strandflieder vertragen die salzig-sumpfigen Böden und prägen das Landschaftsbild der Camargue.*

*Unzählige flache Tümpel bieten Lebensraum für Libellen, hier ein Blaupfeil-Paar.*

# Das Salz der Camargue

Wind, Sonne, Meer und Sand sind unsere Begleiter. Überall bemerken wir weiße Salzkrusten.

In der Umgebung der Camargue herrschen ideale Bedingungen zur Salzgewinnung. Die größten Salinen sind die von Aigues-Mortes im Westen, im Osten die Salins-du-Midi beim Örtchen Salin-de-Giraud. Das Meerwasser wird durch Kanäle in Salzgärten – flache, rechteckige Becken – geleitet. Hier verdunstet es, das Salz wird abgeschöpft und abgekratzt, gereinigt und gelagert. Besonders hochwertig für den Verzehr ist das Fleur de Sel. Das sind Salzplättchen, welche sich durch Wind und Sonne an der Wasseroberfläche bilden und von Hand mit einer Holzkelle abgeschöpft werden. Dabei muss auf die richtige Größe der Plättchen und auf den Zeitpunkt der Ernte geachtet werden. Würzen Sie doch einmal einen gebratenen Fisch mit Fleur de Sel de Camargue. Bestimmt erleben Sie den Geschmack des Südens.

Die Tour verläuft immer weiter Richtung Osten. Schon von Weitem sieht man den Leuchtturm Phare de la Gacholle. Dort angekommen, kann man rasten. Es gibt eine kleine naturkundliche Ausstellung und einen Vogelbeobachtungsstand. Wer es sich zutraut, kann von hier aus auch zur Tour 7 aufschließen, ansonsten kehrt man am Leuchtturm um und fährt denselben Weg zurück.

*Die Weite der Camargue-Landschaft und am Horizont der Leuchtturm.*

*Blick über eine Salzebene bis zum winzigen Leuchtturm am Horizont.*

*Am Leuchtturm Phare de la Gacholle angekommen.*

*Um Saintes-Maries-de-la-Mer werden zahlreiche Ausrittmöglichkeiten angeboten.*

*Am Abend stehen die Seidenreiher im schönsten Licht.*

## Tafel 5: Brandseeschwalbe

# 9 Tour 6 – La Capelière

Ganzjährig geeignet für **Tagestouristen und Übernachtungsgäste.**

Diese Tour bietet die Gelegenheit, die Lebensräume der Camargue unmittelbar zu erleben und auf kurzen Wanderwegen zu durchqueren. La Capelière ist das Verwaltungszentrum des Naturschutzgebiets Réserve naturelle de Camargue. Es wurde 1979 in einem ehemaligen Bauernhaus eröffnet und enthält heute zusätzlich noch einen Shop für naturwissenschaftliche Bücher, Zeitschriften und andere Artikel mit einem Bezug zur Camargue sowie eine große Ausstellung mit zahlreichen Vitrinen, in denen die charakteristischen Tier- und Pflanzenarten sowie deren Lebensräume in der Camargue erläutert werden (allerdings sind die Beschriftungen auf Französisch). Die erste Beobachtungshütte ist auch mit einem Rollstuhl erreichbar.

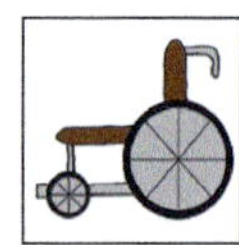

bis zur ersten Beobachtungshütte

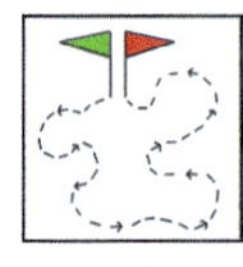

ca. 1,5 km, ca. 1,5 h

La Capelière liegt an der recht schmalen Straße D36B, welche am Ostrand des Étang de Vaccarès entlangführt (GPS 43.535311 4.643971). Ab 12 Jahren zahlen Besucher 4,00 Euro Eintritt. Der Zugang zum ausgeschilderten Informationszentrum und zum Parkplatz liegt etwa 4 km südlich der Kreuzung D37/D36B. Fahren Sie auf dieser Strecke bitte langsam. Man muss mit Schlaglöchern rechnen, immer wieder überqueren auch Tiere wie Nutrias und Schlangen die Straße – und außerdem hat man eine schöne Aussicht auf den Étang de Vaccarès! Übrigens führt diese Straße noch weiter zur Tour 7.

**Das Besondere**: Die charakteristischen Lebensräume der Camargue: Auwald, Sumpf, Teiche, Marschland, Salzsteppe, Röhrricht lassen sich zu Fuß erkunden, einige Beobachtungshütten bieten gute Beobachtungsmöglichkeiten auf die Vogelwelt.

**Ausrüstung:** Sonnen- und Mückenschutz, Fernglas, Bestimmungsbuch.

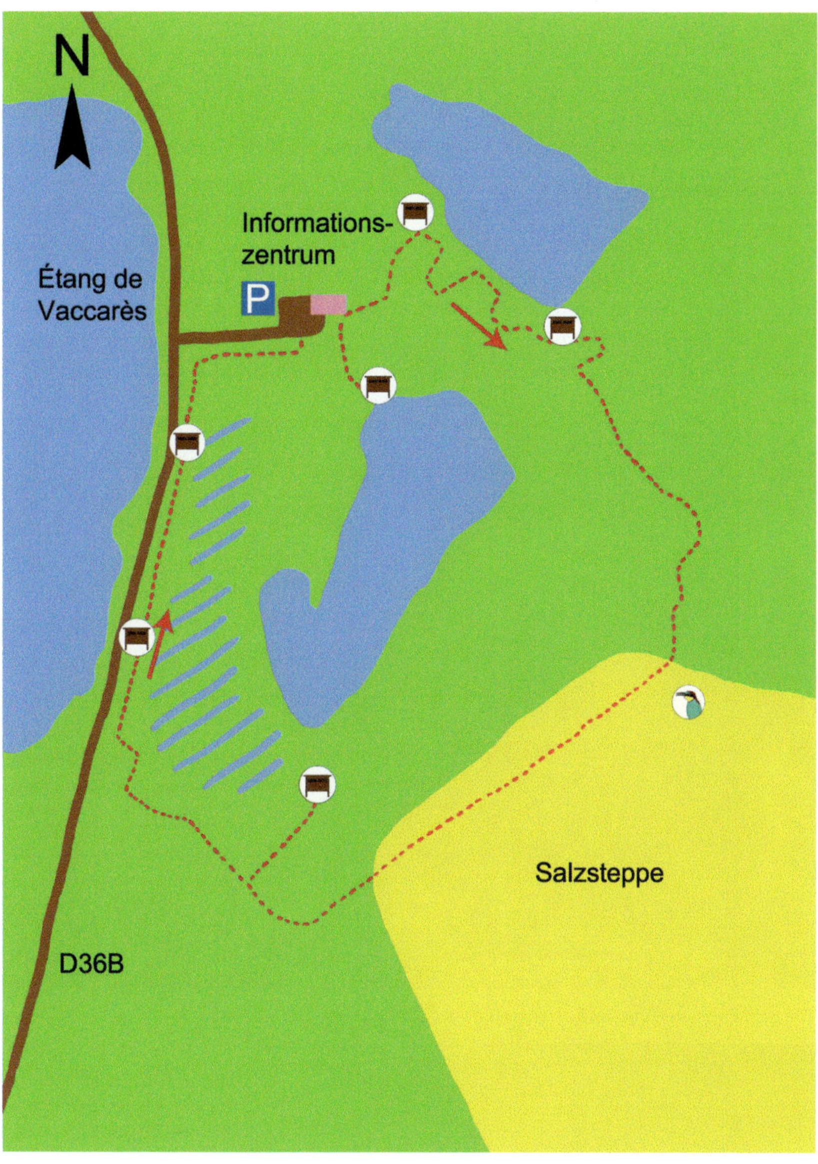
N
Informations-
zentrum
P
Étang de
Vaccarès
Salzsteppe
D36B

## Das gibt es zu sehen

Wer in diesem Park hautnahe Begegnungen mit freilebenden Vögeln erwartet, wird enttäuscht sein. Die Vögel verteilen sich auf einem großen Gebiet und sind oft weit von den Beobachtungshütten entfernt. Wer hier Tiere fotografieren möchte, muss also viel Geduld mitbringen und auch etwas Glück haben. Auf dem Rundweg können Sie allerdings die wichtigsten Biotope der Camargue unmittelbar erleben, was sonst in der Camargue so nicht möglich ist, da die meisten Gebiete unter Schutz stehen oder sich in Privatbesitz befinden und mit einem Betretungsverbot versehen sind. Nutzen Sie also die Möglichkeit, zu Fuß die Natur zu erleben, achten Sie auf die Kleinigkeiten am Wegrand. Eidechsen, Frösche, Libellen und verschiedene Blumen sind es wert, entdeckt zu werden.

*Der Eingangsbereich des Naturschutzzentrums „La Capelière".*

*Der Mauergecko ist ein Kulturfolger, der gerne in verwinkelten Bruchsteingebäuden lebt und während der Nacht auf Insektenjagd geht. Oft frisst er Nachtfalter, welche von Lampen angelockt werden. Manchmal sieht man die Tiere auch tagsüber, wenn sie gelegentlich ein Sonnenbad nehmen.*

*Blick in die Ausstellung des Naturschutzzentrums.*

Der erste Teil des Rundwegs führt auf Holzbohlen durch sumpfigen Auwald. In den Pfützen leben zahlreiche Frösche, am Wegrand wachsen feuchtigkeitsliebende Pflanzen wie Iris und Rundknollige Osterluzei, im Unterholz rascheln Smaragdeidechsen oder Schlangen. Aber keine Angst. Sämtliche in der Camargue vorkommenden Schlangenarten sind vollkommen harmlos.

*Bohlenweg durch den Auwald.*

Für scheue Kleinlebewesen ist ein Telemakroobjektiv ideal. Aber auch einige höherwertige Telezoomobjektive liefern gute Ergebnisse. Viele Objektive dieser Bauart sind leider im Nahbereich nicht mehr sehr scharf, testen Sie doch selbst Ihre Ausrüstung.

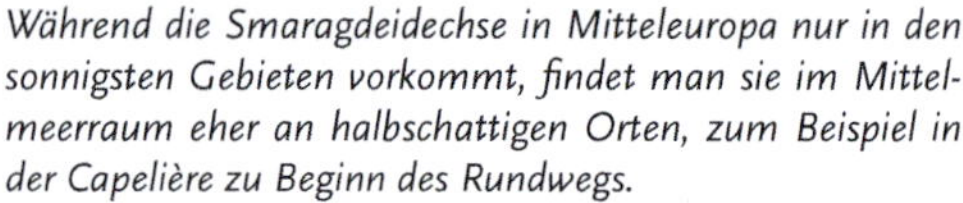

*Während die Smaragdeidechse in Mitteleuropa nur in den sonnigsten Gebieten vorkommt, findet man sie im Mittelmeerraum eher an halbschattigen Orten, zum Beispiel in der Capelière zu Beginn des Rundwegs.*

*Eine für den Menschen völlig ungefährliche Ringelnatter.*

Bald erreicht man die ersten Beobachtungshütten an einem Teichufer. Von hier aus lassen sich verschiedene Reiher- und Entenarten sowie oft auch Stelzenläufer beobachten. Meist sind die Tiere jedoch weit entfernt. Öfter brüten auch Rauchschwalben direkt in der Beobachtungshütte. So nah kommt man selten an die Tiere, verhalten Sie sich daher bitte ruhig.

*In den Beobachtungshütten gibt es fest installierte Fernrohre.*

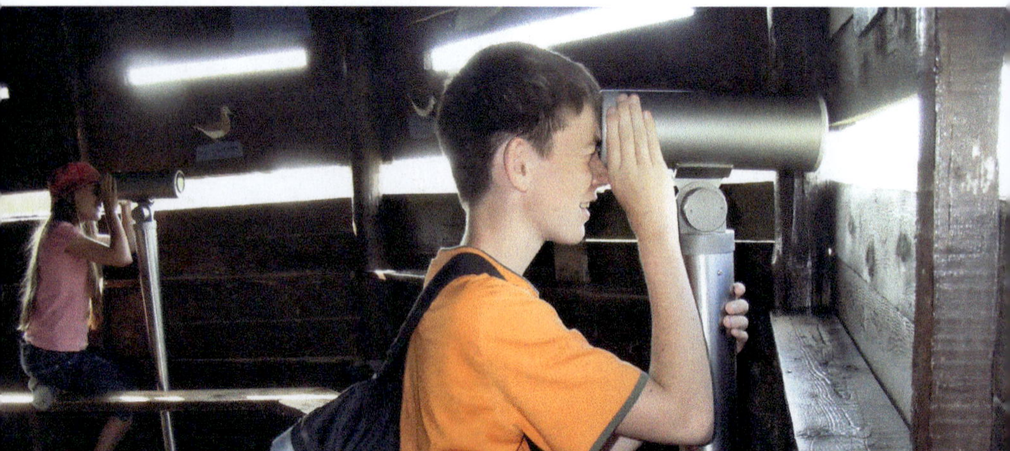

*Stelzenläufer sind überall in der Camargue häufig.*

Neben den Grau-, Kuh- und Seidenreihern kommen auch folgende Reiherarten manchmal im Gebiet vor:

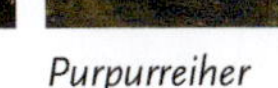

*Rallenreiher*

*Purpurreiher*

*Nach dem Auwald führt der Weg durch Salzsteppe.*

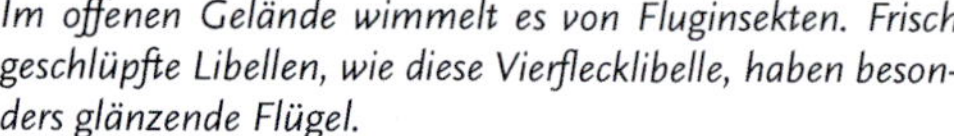

*Im offenen Gelände wimmelt es von Fluginsekten. Frisch geschlüpfte Libellen, wie diese Vierflecklibelle, haben besonders glänzende Flügel.*

*Auf sandigem Boden mit Versteckmöglichkeiten sind Kaninchen häufig. Allerdings müssen sie hier vor zahlreichen Greifvögeln auf der Hut sein.*

Im westlichen Bereich des Gebiets verlässt man den Auwald und gelangt in offenes Gelände. Hier prägen salztolerante Gräser und Kräuter die steppenartige Landschaft. Es wimmelt vor Heuschrecken und Libellen. Solche Habitate bewohnt der Bienenfresser, der sich von den zahlreichen Fluginsekten ernährt. Vielleicht entdecken Sie einen der bunten, eleganten Vögel. Oft hört man die Bienenfresser, bevor man sie im Flug entdeckt. Auch Kaninchen leben am Rand der Gebüsche. Der Weg führt hier noch an einer archäologischen Ausgrabungsstätte vorbei, bevor es zu weiteren Beobachtungshütten und -türmen in den Schilfgürteln geht und man schließlich zum Parkplatz gelangt.

## Aus dem Leben der Bienenfresser

Zu den schönsten europäischen Vögeln gehören die bunten Bienenfresser. Diese Zugvögel ernähren sich ausschließlich von größeren Fluginsekten, hauptsächlich von Libellen, aber auch von Wespen, Bienen und Schmetterlingen. Diese exotisch anmutenden Vögel brüten mittlerweile sogar an einigen Stellen in Deutschland, ihre Hauptbrutgebiete liegen jedoch in der mediterranen Zone. Die Vögel graben sich eine Brutröhre an Abbruchstellen oder an Gräben. Im Frühling bieten die Männchen ihrer Auserwählten ein gefangenes Insekt als Brautgeschenk an.

*Gerne brüten Bienenfresser an solchen Abbruchstellen.*

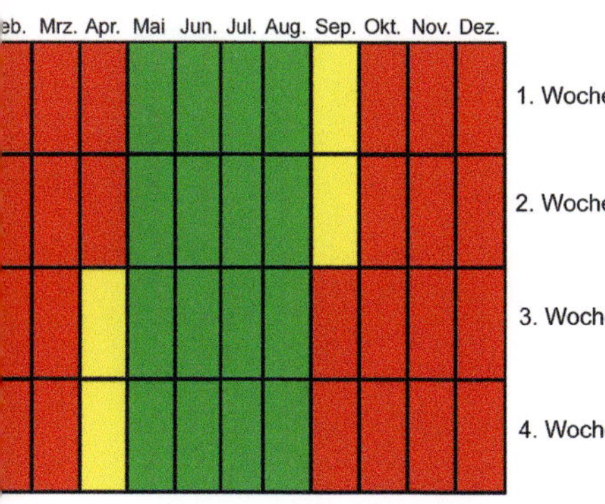


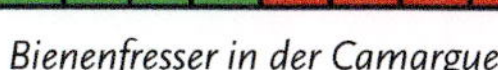
*Bienenfresser in der Camargue*

*Nimmt das Weibchen das Brautgeschenk an?*

Den ganzen Weg entlang lohnt es, auf Kleintiere zu achten. Auf Brombeerblättern ruhen Mittelmeerlaubfrösche. Meist sind sie grün, jedoch können sie ihre Farbe ändern und erscheinen manchmal in Grau- und Brauntönen. In der Camargue kommt der Mittelmeerlaubfrosch – wenn auch ganz selten – sogar in einer deutlich blauen Farbvariante vor. Vielleicht haben Sie das Glück, solch ein seltenes Tier zu entdecken.

*Auf Brombeerblättern oder im Tamariskenstrauch sitzen Mittelmeerlaubfrösche.*

*Der Weg führt an Wassergräben entlang, ein breiter Schilfgürtel bietet vielen Tieren Schutz und Lebensraum.*

Am Wegrand wachsen auch verschiedene Orchideenarten. Im Steppengebiet kommt die Riemenzunge vor, stattliche Exemplare der Bienen-Ragwurz blühen im späten Frühling direkt am Wegrand. Zu den frühesten im Jahr blühenden Orchideen der Camargue gehört das Riesenknabenkraut.

*In den Wassergräben lebt die Europäische Sumpfschildkröte.*

## Was gibt es in der Umgebung zu sehen?

Nach Osten hat man einen Blick über den Étang de Vaccarès. Etwas südlich von La Capelière kann man regelmäßig Kormorane entdecken, welche auf Holzpfählen ruhen und ihre Flügel trocknen.

Auf der Straße Richtung Süden gelangt man im weiteren Verlauf bis zum Étang du Fangassier, siehe Tour 7.

*Kormoran*

## Tafel 6: Mediterrane Orchideen

Sumpf-Knabenkraut

Bienen-Ragwurz

Riemenzunge

Riesen-Knabenkraut

# 10 Tour 7 – Flamingotour um den Étang du Fangassier

Ganzjährig geeignet für **Tagestouristen** und **Übernachtungsgäste**.

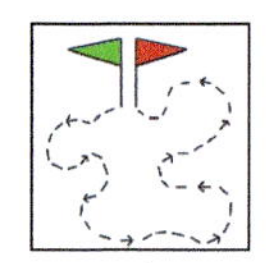

ca. 25 km, ca. 3 h

In der südöstlichen Camargue, zwischen dem weithin sichtbaren Phare de la Gacholle und dem Örtchen Salin-de-Giraud, liegt der Étang du Fangassier, und darin befindet sich die Brutkolonie der Flamingos. Für Naturliebhaber ist es praktisch ein Muss, dieses Gebiet besucht zu haben. Die Tour beginnt an der Kreuzung zwischen D36B, D36C und dem schmalen Chemin-du-Fangassier, welchem wir nach Südwesten folgen (GPS 43.456311 4.658116). Etwa die ersten 3 km der Strecke sind noch geteert, am Étang du Fangassier angekommen, wird der Weg zur Schotterpiste. Wer mit dem Auto hier ist, darf aber immer noch ein Stück weiterfahren, eine komplette Rundfahrt um den Étang ist jedoch nur mit dem Fahrrad möglich.

Wer will, macht noch einen Abstecher zum Phare de la Gacholle (siehe Tour 5), und auch ein Abstecher zum Strand von Beauduc ist möglich. Dieser Strand ist unter Kitesurfern sehr beliebt und auf dem weitläufigen Gelände wird noch wildes Campieren toleriert. Allerdings gibt es dort keine sanitären Einrichtungen und die abenteuerliche Hinfahrt über die Schotterpiste mit Schlaglöchern und Flugsand ist nicht jedermanns Sache. Wer mit dem Auto unterwegs ist, für den ist die Strecke bis zum ersten oder zweiten Parkplatz auf der Karte empfehlenswert. Die südliche Strecke zwischen Beauduc und Salin-de-Giraud ist schon sehr abenteuerlich, jeder möge für sich entscheiden, ob er sie nehmen will.

**Das Besondere:** Blick auf die größte Flamingo-Brutkolonie Europas, gute Beobachtungs- und Fotografiermöglichkeiten auf fliegende Flamingos, weite, abgelegene Landschaften.

**Ausrüstung:** Sonnenschutz, Getränke, geländegängiges Fahrrad, Fernglas.

N
Salin-de-Giraud
D36C
Étang de
Vaccarès
Mas de Saint-Bertrand
D36B
Chemin-du-Fangassier
Brutkolonie
Étang du Fangassier
P
P
P
P
Beauduc
Phare de
la Gacholle

## Das gibt es zu sehen

Die meisten Besucher, welche die Brutkolonie der Flamingos sehen möchten, werden mit dem Auto über die D36B, die Route de Fielouse, dorthin fahren. Diese Strecke entlang des Étang de Vaccarès ist sehr empfehlenswert, man sieht typische Camargue-Landschaft mit ihren charakteristischen Tier- und Pflanzenarten. Beachten Sie, dass die folgende Tour mit dem Auto nicht als Rundtour möglich ist, da ein Teilstück für den motorisierten Verkehr gesperrt ist. Mit dem Fahrrad kann man den Étang du Fangassier jedoch umrunden. Im nahen Salin-de-Giraud sind Fahrräder zu mieten.

Die Tour beginnt an der Kreuzung 500 m nördlich des Mas de Saint-Bertrand. Hier folgen wir dem Chemin-du-Fangassier nach Südwesten. Die andere Straße, die D36C, führt am Mas de Saint-Bertrand vorbei nach Salin-de-Giraud. Auf dieser Strecke vollendet sich der Rundweg. Etwas nördlich der Kreuzung gibt es große Stierweiden. Dort lohnt es, nach Bienenfressern und Greifvögeln Ausschau zu halten. Vielleicht entdecken Sie sogar einen Schlangenadler?

Doch nun geht es vorbei an Sumpf- und Marschland zum Étang du Fangassier. Ab dort ist die Straße nur noch mit Schotter befestigt und hat mehr oder weniger Schlaglöcher, darf aber immer noch mit dem Auto (aber nicht mit allradbetriebenen!) befahren werden. Bald erreicht man die ersten Parkgelegenheiten. Es lohnt sich, hier auf vorbeifliegende Flamingos zu warten.

*Am Étang du Fangassier.*

*Mehrere Parkbuchten säumen den Weg.*

*Symboltier der Camargue: der Rosaflamingo.* *unten: Gemeinsame Nahrungssuche.*

*Solche Regler halten den Wasserstand auf dem gewünschten Niveau.*

*Immer wieder ziehen Flamingos vorbei, in Gruppen oder auch allein.*

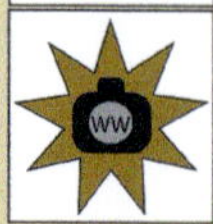

Der Flug der Flamingos erscheint aus der Ferne gesehen recht träge, es ist aber gar nicht so einfach, brauchbare Flugaufnahmen zu machen. Die Aufnahmeentfernung ändert sich rasch, denken Sie an unterschiedliche Brennweiten. Vom Supertele- bis zum starken Weitwinkelobjektiv ist an diesem Ort alles einsetzbar. Benutzen Sie kurze Belichtungszeiten und am wichtigsten: Haben Sie Geduld. Es lohnt sich, einfach längere Zeit auf Fotogelegenheiten zu warten. Machen Sie es sich gemütlich, nehmen Sie Verpflegung mit. Die Sonnenuntergänge mit dem Leuchtturm im Westen können spektakulär sein. An einem windigen Tag kann es hier auch sehr interessant sein. Flamingos in Windrichtung sausen an einem vorbei, Tiere in entgegengesetzter Richtung müssen jedoch dicht über dem Wasser fliegend gegen den Wind ankämpfen und kommen kaum voran, Schaumkronen zieren die Wellen. Nutzen Sie solche Chancen.

Auf der Weiterfahrt zweigt bald eine Piste nach Westen zum etwa 3 km entfernten Leuchtturm Phare de la Gacholle ab. Wer will, kann einen Abstecher dorthin machen, etwa 2 km weit darf noch mit dem Auto gefahren werden. Der Weg um den Étang du Fangassier führt jedoch nach Süden und ist ab hier für Autos gesperrt. Am Südwestende des Étangs angelangt, trifft man auf die Autopiste zum abgelegenen Strand von Beauduc – unter Kitesurfern sehr beliebt. Ein Abstecher dorthin ist immer abenteuerlich. Ansonsten führt der Rundweg nun nach Westen und dann nach Norden wieder zurück.

*Glitzerndes Licht am späten Nachmittag.*

## Aus dem Leben der Flamingos

Der berühmteste Vogel der Camargue ist zweifellos der Flamingo, oder genauer gesagt, die größte Flamingoart, der Rosaflamingo. Eine der wichtigsten Brutkolonien dieser Art in Europa befindet sich im Étang du Fangassier auf einer künstlich aufgeschütteten Brutinsel. Hier brüten über 10 000 Brutpaare, in guten Jahren sogar mehr als 20 000. Die Brutinsel ist streng geschützt und darf selbstverständlich nicht betreten werden. Ständig wird ein Mindestwasserstand um die Kolonie aufrecht erhalten. Ein Damm führt um den Étang herum und auf ihm kommt man bis auf etwa einen Kilometer an die Kolonie heran.

*Mit dem speziell geformten Seihschnabel filtern Flamingos Kleinlebewesen aus dem flachen Wasser.*

Mit bloßem Auge betrachtet, erscheinen die Flamingos als rosa Streifen am Horizont, mit einem Spektiv kann man die Tiere jedoch gut erkennen. Besonders spannend ist an diesem Damm, dass ihn immer wieder Vögel überfliegen müssen und manchmal recht dicht am Beobachter vorbeikommen.

Das Flamingonest besteht aus Schlamm und ist kegelstumpfförmig. In der Camargue wurden künstliche Bruthilfen gebaut. Die Brutpaare sind meist nur eine Brutsaison zusammen. Besonders eindrucksvoll sind die synchronisierten Balztänze und das Imponiergehabe der Tiere im Vorfrühling. Die Vögel öffnen dabei schlagartig ihre Flügel, recken den Hals und richten ihren Schnabel ruckartig in jeweils die gleiche Richtung, um gleich danach in die andere Richtung zu blicken. Die jungen Flamingos sind grau gefärbt und werden mit Kropfmilch von den Eltern gefüttert. Vor ihrer Flugfähigkeit werden sie von Wissenschaftlern im August zusammengetrieben und beringt. Die erwachsenen Tiere ernähren sich von Kleintieren wie Krebschen, Mückenlarven und Würmern, die sie mit pendelnden Bewegungen mit ihrem Seihschnabel aus dem flachen Wasser fischen.

*„Kindergarten" der Flamingos.*

Auf der Schotterpiste am Südrand des Étang du Fangassier, welche zum Strand von Beauduc weiterführt, fühlt man sich fast wie am Ende der Welt. Nirgends kommen sich Himmel und Meer, Sand und Salz so nah – ein perfekter Ort für Landschaftsaufnahmen.

*Harmonie von Salz, Sand, Himmel und Meer.*

*Werk eines unbekannten Künstlers in der Einsamkeit.*

*Kitesurfer-Paradies: Strand von Beauduc.*

*Für Muschelsammler viel zu tun.*

## Welche Tiere gibt es noch?

Auf dieser Strecke werden Sie bestimmt verschiedene Möwen- und Seeschwalbenarten entdecken.

Tafel 7: Meeresmuscheln und Meeresschnecken

# 11 Tour 8 – Steinsteppentour in die Crau

Ganzjährig geeignet für **Tagestouristen und Übernachtungsgäste.**

Am östlichen Rand der Camargue liegt eine ganz besondere Landschaft. Eine riesige, flache, baumlose Ebene, die an eine Steinsteppe erinnert und eine ganz besondere Fauna aufweist: die Crau.

Auf dem Wanderweg Sentier de Peau de Meau wollen wir diese einmalige Gegend erkunden. Dieser Weg ist gebührenpflichtig. Eine zwei Tage gültige Lizenz erhält man im Écomusée Saint-Martin-de-Crau (Gebühr 3,00 Euro).

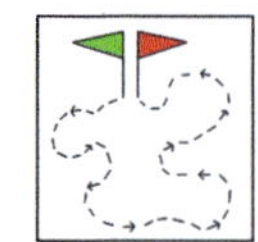

ca. 4,7 km, ca 2 ½ h

Ausgangspunkt dieser Tour ist ein kleiner Parkplatz am Rand der Steinsteppe. Zuerst eine Wegbeschreibung zum Parkplatz: Von Saint-Martin-de-Crau führt die D24 nach Südwesten. Nach etwa 4 km biegt eine kleine Straße nach Süden Richtung Étang des Aulnes und Vergière ab. Auf dieser Straße bleiben wir, fahren am Étang des Aulnes vorbei und nach insgesamt 6 km sind wir am Parkplatz.

ca. 800 m

An diesem Parkplatz gibt es die erste der 15 Informationstafeln zum Gebiet (auf Französisch).

Der Rundweg führt um die Bergerie Peau de Meau herum. Diesen Schafstall können wir vom Parkplatz aus bereits am südlichen Horizont erkennen. Wir folgen nun zu Fuß der Piste und den Tafeln Richtung Südwesten. Auf den ersten 800 m ist der Weg noch befestigt, also durchaus auch für Rollstuhlfahrer geeignet. Nach etwa 800 m biegen wir nach rechts ab und folgen dem weiteren Weg und Tafeln, umrunden die Bergerie und gelangen an den Canal de Vergières – ein unter Libellenforschern bekannter Ort – und schließlich wieder zurück zum Parkplatz.

**Das Besondere:** Eine ungewöhnliche Landschaft mit ganz besonderer Tierwelt.

**Ausrüstung:** Sonnenschutz, Fernglas, feste Schuhe (wegen der dornigen Pflanzen), Getränk, Bestimmungsbuch für Vögel und Libellen.

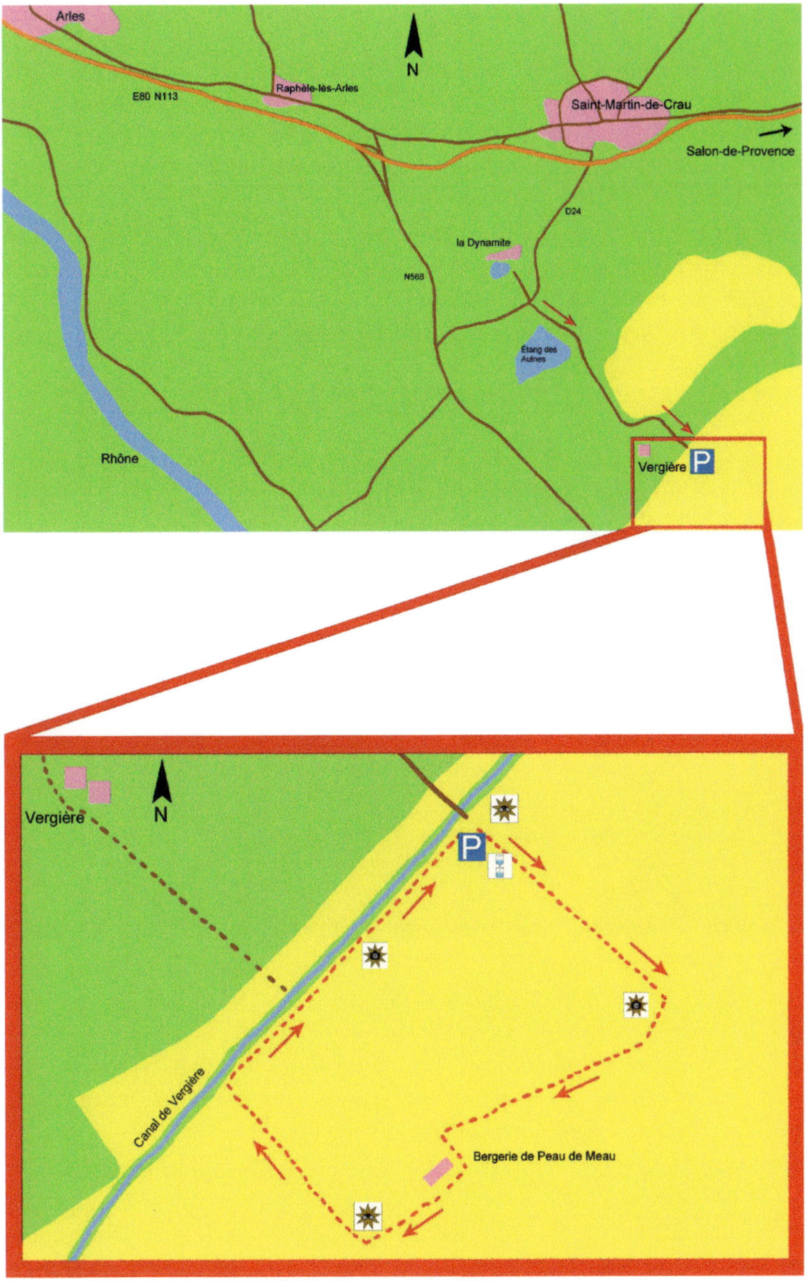

Arles
N
E80 N113
Raphèle-lès-Arles
Saint-Martin-de-Crau
Salon-de-Provence
D24
la Dynamite
N568
Étang des Aulnes
Rhône
Vergière
P

Vergière
N
P
Canal de Vergière
Bergerie de Peau de Meau

## Das gibt es zu sehen

Die Crau ist berühmt für ihre Vogelwelt. Einige Raritäten europäischer Vögel finden hier noch letzten Lebensraum. Dazu gehören Steppenvögel wie das Spießflughuhn, die Zwergtrappe, die Kalanderlerche und der Triel. Greifvögel wie Schmutzgeier, Weihen und Milane jagen hier, bei der Bergerie gibt es Nisthilfen für Rötelfalken.

Allerdings werden Sie diese Vögel kaum fotografieren können. In der offenen Landschaft sind sie viel zu weit weg. Birdwatcher mit Geduld kommen aber sicherlich auf ihre Kosten und werden in der Ferne bestimmt einige Raritäten entdecken. Am Wegesrand lässt sich jedoch einiges aus der Kleintierwelt entdecken und auch fotografieren.

*Die Informationstafel am Parkplatz und der Beginn der Tour.*

Die Crau ist eine mit Flusskieseln übersäte, trockene Ebene. Woher stammen denn diese Steine? Während der Eiszeit war hier das Delta der Durance. Dieser Fluss brachte aus den Alpen Unmengen an Schotter und Steinen mit, welche hier abgelagert wurden. Die Durance änderte jedoch ihren Lauf, seit etwa 12 000 Jahren mündet sie in die Rhone, die Crau-Ebene trocknete aus.

Am Parkplatz angekommen, betrachten wir diese ungewöhnliche Landschaft, die sich gleichförmig bis zum Horizont erstreckt. Erst dort, Richtung Norden, wird etwas anderes sichtbar, nämlich der Gebirgszug der Alpilles. Diese „Kleinen Alpen" sind zwar nicht einmal 500 Meter hoch, ihre steilen Kalkfelsen wirken jedoch fast wie ein Hochgebirge. Und in diesen Felsen brüten zahlreiche Greifvögel, die auf ihren Beutezügen auch über die Crau fliegen – halten Sie also die Augen auf und beobachten Sie immer wieder den Himmel.

Die Vögel werden sich immer sehr weit entfernt aufhalten, direkt am Weg gibt es jedoch Interessantes aus der Kleintierwelt zu entdecken. Besonders häufig sind verschiedene Heuschreckenarten. Das ganze Jahr über sind welche zu finden, die meisten Arten und Individuen bevölkern jedoch im Hochsommer die Steinsteppe. Nun hüpfen Ödlandschrecken, Schönschrecken und Wanderheuschrecken umher. Vielleicht entdecken Sie auch die Crau-Schrecke, eine endemische, das heißt nur hier vorkommende, flugunfähige Heuschreckenart.

*Im Hochsommer wimmelt es vor Heuschrecken. Auf dem Foto eine Schönschrecke. Vor 100 Jahren kam es in der Crau noch zu Wanderheuschrecken-Plagen.*

*Die hübsche Fangschrecke Iris oratoria.*

Auch Fangschrecken leben in der Crau. Die berühmte Gottesanbeterin, welche auch in Deutschland an warmen Orten vorkommt, die ähnlich aussehende Iris oratoria mit ihren bunten Hinterflügeln und die bizarre Hauben-Fangschrecke, eine ebenfalls typisch mediterrane Art. Die Gottesanbeterinnen schlüpfen Ende des Frühlings als winzige Larven aus einem Eikokon und sind im Sommer erwachsen. Im Herbst sterben die Tiere, nachdem sie einige Eikokons, welche den Winter überdauern, unter Steinen abgelegt haben.

*Ein erwachsenes Weibchen der Gottesanbeterin.*

*Zwei Larven der Hauben-Fangschrecke.* *Beobachtungszeiten der Hauben-Fangschrecke.*

Die zierlichere Hauben-Fangschrecke kann fast das ganze Jahr über gefunden werden. Ihre Larven schlüpfen im Sommer und wachsen nur langsam. Selbst an warmen Wintertagen sind sie aktiv und erst im späten Frühling des Folgejahres sind sie ausgewachsen. Die kleinen Larven sind gut getarnt und nicht einfach zu finden.

Wer aufmerksam den Boden betrachtet, entdeckt bestimmt auch manch Häufchen aus Grashülsen-Abfällen. Hier leben Ernteameisen. Diese ernähren sich von verschiedenen Samen. Um Dürreperioden zu überleben, füllen sie eine unterirdische Kornkammer mit Vorräten, Abfälle werden um den Eingang deponiert.

*Hier leben Ernteameisen.*

*Ernteameisen bei der Arbeit.*

Im weiteren Verlauf des Rundwegs kommt man an kleineren Steinhaufen vorbei (siehe auch Seite 114). Diese können Wohnstätte der größten europäischen Eidechse sein, der Perleidechse. Die Perleidechsen sind jedoch sehr vorsichtig und scheu. Es gehört schon viel Glück und Geduld dazu, eine zu entdecken oder gar zu fotografieren.

*Steinhaufen in der Crau.*

Für Steppen sind einige bemerkenswerte Schmetterlingsarten charakteristisch. Dazu gehört der Englische Bär. Bis vor etwa 100 Jahren kam diese Art auch noch in Deutschland auf mageren, sandigen Böden vor. An sämtlichen mitteleuropäischen Fundorten ist dieser hübsche Nachtfalter heute leider ausgestorben. Rund ums Mittelmeer und im östlichen Europa kann er noch überleben.

*Prächtig gefärbtes Männchen der Perleidechse.*

*Der Englische Bär – eine Nachtfalterart magerer Steppengebiete.*

Noch weit verbreitet ist der Wolfsmilchschwärmer. Auch er ist auf magere Böden angewiesen.

*Raupen des Wolfsmilchschwärmers.*

## Welche Tiere gibt es noch?

Einige Tierarten entfliehen der intensiven Sonnenstrahlung und der Tageshitze dadurch, dass sie nachtaktiv sind und den Tag verborgen unter Steinen verbringen. Wir können am Wegrand vorsichtig ein paar Steine umdrehen – danach aber wieder in die Ausgangslage versetzen. Vorsicht ist geboten, um die darunterliegenden Tiere nicht zu verletzen – und außerdem, weil einige dieser Tiere schmerzhaft beißen oder stechen können.

*Der Stich des Feldskorpions ist äußerst schmerzhaft. Wird ein Kind gestochen oder treten allergische Reaktionen auf, muss sofort ein Arzt aufgesucht werden.*

*Die Schwarzbäuchige Tarantel lebt nicht in Röhren wie verwandte Arten, sondern streift in der Nacht jagend umher.*

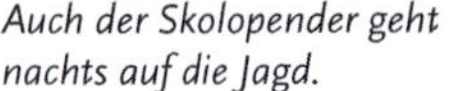

*Auch der Skolopender geht nachts auf die Jagd.*

*Am Canal de Vergière – links die Steppe, rechts bewässertes Grünland.*

Zum Abschluss der Tour widmen wir uns noch einem anderen Lebensraum, welcher direkt an die Steinsteppe grenzt. Vielleicht wunderten Sie sich schon, woher die vielen Libellen kommen, die in der trockenen Crau fliegen?

Die bewirtschaftete Ebene um die Crau wird von zahlreichen Kanälen durchzogen und bewässert. Unser Parkplatz liegt am Canal de Vergière – ein Mekka für Libellenforscher. Dieser unscheinbare, kleine Kanal beherbergt nicht weniger als 49 Libellenarten – solch eine Vielfalt gibt es sonst kaum irgendwo. Nun gehen wir einfach das letzte Stück des Rundwegs am Kanal entlang und suchen nach Libellen. Von Frühling bis Herbst sind immer welche zu finden. Einige Arten erkennt man eindeutig. So die auffällige, rote Feuerlibelle oder die Bronzene Prachtlibelle mit ihrem flatterhaften Flug. Die kleinen, schmalen Azurjungfern sind schon schwerer zu bestimmen. Achten Sie doch auf die Körperzeichnung der vorderen Hinterleibssegmente. Diese sind meist artspezifisch und auch namensgebend (siehe Tafel 8).

*links: Feuerlibelle*

*rechts: Bronzene Prachtlibelle*

## Tafel 8: Azurjungfern und Verwandte

Helm-Azurjungfer

Helm-Azurjungfer

Pokaljungfer

Becher-Azurjungfer

Hufeisen-Azurjungfer

# 12 Fototipps

## Sinnvolle Fotoausrüstung für die Camargue – Welche Kamera?

Die qualitativ hochwertigsten Aufnahmen werden im Bereich der Tierfotografie mit einer Spiegelreflexkamera erzielt. Meine zurzeit am häufigsten benutzte Ausrüstung für die Camargue besteht aus einer Spiegelreflexkamera im DX-Format mit einem Standardzoom 16-85 mm, einem Telezoom 80-400 mm und einem 150-mm-Makroobjektiv. Mit diesen Brennweiten wird man den meisten Motiven gerecht und die Ausrüstung ist noch leicht transportabel.

Fotoenthusiasten werden natürlich auch lange, lichtstarke Festbrennweiten einsetzen. Der finanzielle Einsatz hierfür und auch die Transportprobleme durch das Gewicht sind jedoch erheblich und nicht für jeden empfehlenswert. Sogar mit einem kleineren Telezoom bis 300 mm können Sie in der Camargue zu ansprechenden Tieraufnahmen gelangen. Geduld und Ausdauer sind dazu die wichtigsten Voraussetzungen.

Brennweiten über 400 mm können natürlich auch eingesetzt werden und sind sinnvoll, weil die Motive doch oft weit entfernt sind. Aktuell gibt es nun sogar tragbare 150-600-mm-Telezooms – diese sind bestimmt eine Empfehlung wert. Allerdings bedenken Sie, dass auf große Distanz das Luftflimmern durch die Sonne und Staub und Dunst die Bildqualität erheblich dämpfen. Deshalb sind Situationen, in denen extreme Teleobjektive ihre Leistungsfähigkeit unter Beweis stellen können, leider nicht so häufig. Um auf lange Brennweiten zu kommen, ist man versucht, Telekonverter einzusetzen. An den modernen Kameras mit beispielsweise 24 Megapixel Auflösung sind diese nur in bestimmten Fällen empfehlenswert. An lichtstarken Telefestbrennweiten kann man sie einsetzen, an einem Zoom werden Sie durch Konverter keine besseren Ergebnisse erhalten als durch eine digitale Ausschnittvergrößerung.

Die Weite der Landschaft bildet man mit kurzen Brennweiten ab, manchmal wünschte ich mir dazu auch noch ein Zoom unterhalb von 16 mm, allerdings ist ein häufiger Objektivwechsel in der Camargue etwas problematisch. Wind, Sand und Salz sind ein ständiger Begleiter. Unterwegs muss man sehr sorgfältig mit der Ausrüstung umgehen. Für einen Fototag in den Dünen oder am Strand verstaue ich die Ausrüstung gerne in einem wasserdichten Fotokoffer. Zusätzlich kann man die Objektive und Kameragehäuse noch mit Tüchern und Tüten schützen. Auf längeren Wanderungen oder Fahrradtouren wird solch ein Koffer allerdings sehr unbequem, dann benutze ich für den Transport einen Fotorucksack.

Ein Stativ erleichtert die Bildgestaltung und eigentlich empfehle ich immer den Einsatz eines Stativs, jedoch ist ein solches in der Camargue nicht unbedingt nötig. Moderne Telezooms mit Bildstabilisator lassen sich durchaus auch freihand einsetzen und daher lasse ich das Stativ auf Fahrradtouren gerne zu Hause. Der ruhige Blick durch eine auf dem Stativ befestigte Kamera hilft allerdings ungemein bei der Bildgestaltung und sollte daher, wann immer möglich, geübt werden.

Am Strand macht eine kleine, wasserdichte Kompaktkamera viel Freude. Man muss sich nicht vor Sand und Wasserspritzern fürchten, im klaren Wasser entstehen damit beeindruckende Aufnahmen. Eine ruhige Bildgestaltung ist damit bauartbedingt erschwert, man kann jedoch unbekümmert drauflos fotografieren – versuchen Sie es auch einmal.

Die Artenzahl der Vögel in der Camargue ist beeindruckend. Wer dies als Birdwatcher dokumentieren will, kann natürlich auch ein Spektiv einsetzen und dahinter eine Kompaktkamera anbringen – mit Digiscoping können weit entfernte, kleine Objekte formatfüllend abgebildet werden. Allerdings kann man sich bewegende Motive mit einem Spektiv kaum verfolgen und daher ist diese Art der Fotografie auch nicht weit verbreitet.

# Ein wenig Technik

## Im Voraus üben

Die Technik der Kamera und die Prinzipien der Bildgestaltung sollten Sie beherrschen. Bevor Sie auf einer Reise besondere Bildgelegenheiten vermasseln, üben Sie doch bitte zu Hause. In der Camargue erwarten Sie Wasservögel, also fahren Sie doch zu Hause an den nächsten Weiher oder Parksee und fotografieren Sie dort die Enten und Schwäne, eine bessere Vorbereitung gibt es nicht.

## Kurze Belichtungszeiten

Immer noch gibt es die Empfehlung, für Freihandaufnahmen solle die Belichtungszeit dem Kehrwert der Objektivbrennweite entsprechen. Also könne man mit 1/50 sec Belichtungszeit ein scharfes Foto mit einem 50-mm-Objektiv erzielen. Probieren Sie es aus. Ein Foto, welches mit 1/250 sec belichtet wurde, wird garantiert schärfer sein. In ein hochauflösendes Foto will man ja auch hineinzoomen können. Daher benutzen Sie lieber sehr kurze Belichtungszeiten oder einen Bildstabilisator oder ein Stativ. Wobei Sie dann am besten auch mehrere Aufnahmen machen, denn manches Bild wird trotzdem verwackelt sein. Auch darf man die Eigenbewegung der Motive nicht unterschätzen. Eine ruhig sitzende Ente, welche sich putzt und kratzt, wird im Detail betrachtet selbst bei 1/250 sec verwischt sein. Falls dies nicht erwünscht ist: Benutzen Sie kurze Zeiten unter 1/1000 sec. Selbst bei Sonnenschein fotografiere ich oft mit 400 Asa und bei Blenden zwischen 5,6 und 8. Besonders eindrucksvoll werden dabei Fotos mit Vögeln in Verbindung mit fließendem und tropfendem Wasser.

*Eine abtauchende Reiherente bei 1/1600 sec.*

*Bei 1/4000 sec Belichtungszeit werden die Wassertropfen des sich schüttelnden Schwans „eingefroren".*

*Hat man schon öfter die häufigen Höckerschwäne fotografiert, ist man vorbereitet, wenn sich einmal die Gelegenheit ergibt, einen Singschwan zu fotografieren.*

# Bildgestaltung

Viele Hobbyfotografen geben Tausende von Euros für eine Fotoausrüstung aus, lesen Fototests und diskutieren über das letzte Quäntchen an der technischen Qualität der Highend-Objektive, einfache Regeln der Bildgestaltung werden jedoch oft nur wenig beachtet.

Ein Tipp, der nichts kostet, außer auf etwas Bequemlichkeit zu verzichten: Fotografieren Sie aus Augenhöhe des Motivs. Das heißt bei Wasservögeln: Legen Sie sich ans Ufer, damit das Objektiv möglichst nahe an die Wasseroberfläche gelangt. Das müssen Sie nicht immer machen, aber probieren Sie es zumindest einmal aus und vergleichen Sie die Bildwirkung. Durch eine niedere Perspektive rückt der Hintergrund vom Motiv weg in die Ferne und wird unscharf, das Motiv wird deutlich isoliert und freigestellt.

*Das Bild der Reiherente wurde liegend vom Ufer aus aufgenommen. Der Hintergrund verläuft in ruhiger Unschärfe.*

*Dieses Bild entstand mit ähnlicher Brennweite und Blende, allerdings aus dem Stand heraus. Die Bildwirkung ist völlig anders.*

*Die Schellente wurde sitzend vom Ufer aus aufgenommen. Der Bildhintergrund ist recht ruhig und das Fotografieren im Sitzen sehr bequem.*

# Das Besondere im Alltäglichen

Auf der Jagd nach exklusiven Motiven wird oft das Alltägliche übersehen oder vergessen. Nutzen Sie es doch fotografisch aus, wenn ein Tier einfach zu entdecken ist und keine all zu große Fluchtdistanz hat. Probieren Sie verschiedene Kameraeinstellungen aus, haben Sie Geduld und beobachten Sie das Tier hartnäckig, bis es ein besonderes Verhalten zeigt – es lohnt sich.

## Vögel im Detail

*Schon hundertmal gesehene Motive können, aus der Nähe betrachtet, ihren ganz besonderen Reiz ausspielen. Nutzen Sie die Chance, wenn Sie nahe an ein Tier herankommen können.*

*Haben Sie zu Hause das Fotografieren geübt, können Sie die Flamingos in freier Wildbahn ganz entspannt beobachten und fotografieren.*

# 13 Die Camargue von A–Z

**Aigues-Mortes:** Sehenswerte Kleinstadt am Westrand der Camargue. Eine bestens erhaltene, 11 m hohe Mauer umgibt die Altstadt dieser Bastion aus dem 13. Jahrhundert. Die Stadt mit Militärdepot und seinen 15 Türmen und dem fast 40 m hohen Turm „Tour de Constance“ war Ausgangspunkt einiger Kreuzzüge.

*Aigues-Mortes: Blick auf die Mauer und auf das Salinengelände*

**Anreise:** Die meisten Besucher werden mit dem eigenen Auto anreisen. Die schnellste Strecke ab Deutschland ist die über die Autobahnen Mulhouse – Besançon – Lyon – Valence – Nîmes – Arles. Für diese nicht ganz 700 km rechnet man bei guten Verkehrsbedingungen mit mindestens sechs Stunden reiner Fahrzeit und auch mit etwa 50 Euro Autobahngebühr. Aus Norddeutschland bieten sich ein Flug nach Marseille an oder die schnelle Zugverbindung nach

Marseille mit dem TGV in Frankreich. In Marseille kann man sich dann ein Auto mieten, denn ohne Auto wird eine Erkundung der Camargue schwierig.

**Appartement:** Die Camargue ist eine beliebte Ferienregion und dementsprechend reich ist das Angebot an Appartements. In Katalogen oder im Internet wird man schnell fündig. Allerdings sind die Franzosen im Hinblick auf die Appartementgröße und -ausstattung oft nicht sehr anspruchsvoll. Lesen Sie daher Beschreibungen und Erfahrungsberichte aufmerksam.

**Aquarium:** In Port-Camargue gibt es ein sehr sehenswertes Aquarium, in dem auch die Mittelmeerfauna vorgestellt wird. Höhepunkt ist jedoch der Tunnel unter dem Haifischbecken.

**Arles:** Arles markiert die nördliche Spitze des Rhonedeltas, hier teilt sich die Rhone in die Petit und Grand Rhône, südlich von Arles beginnt die Camargue. Antike Bauten aus der Römerzeit (z. B. das Amphitheater) prägen das Bild der Stadt. In der Altstadt findet jeden Samstagvormittag ein großer Wochenmarkt statt, auf dem die Vielfalt südfranzösischer Produkte angeboten wird.

*Das römische Amphitheater von Arles.*

**Baden:** Die meisten Gäste kommen wegen des Meeres nach Südfrankreich und ein Bad im Mittelmeer gehört einfach zu einem Südfrankreichurlaub dazu. Das Meerwasser hat von etwa Pfingsten bis in den Herbst Badetemperatur, sämtliche Strände der Region bieten feinen Sand und einen flachen Einstieg ins Wasser. Sanitäre Einrichtungen gibt es nur in Ortsnähe.

*Badespaß am Strand von l'Espiguette.*

**Camping:** Um Saintes-Maries-de-la-Mer und Port-Camargue gibt es zahlreiche Campingplätze.Wer nicht zelten will und keinen Wohnwagen hat, kann sich ein Mobile-Home mieten.

**Course Camarguaise:** Die südfranzösische, unblutige Variante des Stierkampfes. Der Stierkämpfer soll mit Schnelligkeit und Geschick dem Stier ein Band entreißen, welches zwischen dessen Hörnern befestigt ist. Diese Stierkämpfe werden an mehreren Orten aufgeführt, besonders beliebt und viel besucht ist jener im Amphitheater von Arles.

**Étang:** Flache Teiche und Lagunen, typisch und landschaftsprägend für die Camargue. Diese Lagunen können Salz-, Süß- oder Brackwasser enthalten. Der größte ist der 6500 ha große und kaum mehr als 2 Meter tiefe Étang de Vaccarès im Zentrum der Camargue.

**Fahrräder:** Ideales Fortbewegungsmittel in der Camargue. Die Camargue ist flach und weitläufig, viele Straßen haben eine Fahrspur für Fahrräder. Wenn Sie kein Fahrrad auf der Reise dabei haben, so leihen Sie sich doch eines.

*Gut sortierter Fahrradverleih in Saintes-Maries-de-la-Mer.*

**Feiertage:** Neujahr 1. Januar, Karfreitag, Ostermontag, Tag der Arbeit 1. Mai., Tag des Sieges 8. Mai, Christi Himmelfahrt, Pfingstmontag, Nationalfeiertag 14. Juli, Maria Himmelfahrt 15. August, Allerheiligen 1. November, Waffenstillstand von 1918 11. November, 1. Weihnachtsfeiertag 25. Dezember.

**Ferienwohnung:** siehe Appartement

**Flamenco:** Die Camargue mit ihren Pferden und Stieren erinnert an Spanien. Besonders in Saintes-Maries-de-la-Mer hört und sieht man Flamenco-Musik und -Tanz.

**Führungen:** Es gibt zahlreiche Anbieter von Camargue-Safaris. Auf offenen Geländewagen geht es durch die Sümpfe. Diese Exkursionen sollte man eher als Spaßfahrten denn als ernsthafte Naturbeobachtungsfahrten ansehen. Allerdings kommt man auf diesen Touren auch in ansonsten nicht zugängliche Gebiete.

**Internet:** Frankreich ist eine technikbegeisterte Nation und somit gibt es praktisch an allen Campingplätzen und Hotels sowie auch in der Nähe von Supermärkten Hotspots und WLAN.

**Kanal:** Einige Kanäle durchziehen das flache Land, früher hauptsächlich für den Warentransport genutzt, heute auch für den Tourismus. Zahlreiche Bootstouren werden angeboten oder man kann auch ein Boot mieten. Dies ist eine gemächliche Art des Reisens mit ganz neuen Eindrücken.

*Blick auf den Canal du Rhône à* Sète von Aigues-Mortes aus gesehen.

**Karten:** Empfehlenswert ist die Karte 171 Marseille Avignon des Institut Géographique National. Diese Karte im Maßstab 1 : 100 000 zeigt fast alles Wichtige und ist auch in Supermärkten erhältlich.

**Kitesurfen:** Häufiger Wind und flache Sandstrände bieten ideale Bedingungen für Kitesurfer.

**Klima:** In der Camargue herrscht ein mediterranes Klima. Der häufige Wind macht in Meeresnähe auch heiße Hochsommertage erträglich. Die Winter sind meist mild, der Wind kann aber unangenehm kalt sein. Ganz selten gibt es auch Schnee. Flamingos im Schneetreiben ergeben ganz besondere Bilder.

**Krankenhäuser:** in der Universitätsstadt Montpellier, in Nîmes, in Arles.

**Le Grau-du-Roi:** Fischerstädtchen mit historischem Stadtkern und Hafen am Westrand der Camargue. Der Badebetrieb begann zwischen den Weltkriegen, ab den späten 1960er Jahren erfolgte ein Bauboom mit Beton-Appartementhäusern und im Sommer ist der Ort ein viel besuchter Badeort.

**Mas:** Gehöft

**Märkte:** Viele Einheimische und natürlich auch Touristen besuchen die Wochenmärkte, die in den meisten Ortschaften einmal in der Woche stattfinden. Das Angebot ist groß, die Qualität gerade bei den Lebensmitteln sehr gut und Obst und Gemüse auch relativ günstig.

*Tomaten auf einem Wochenmarkt.*

**Mistral:** Ein kalter Wind, welcher oft tagelang das Rhonetal abwärts weht.

**Pinien:** Um die Gehöfte des Hinterlandes stehen oft schattenspendende Pinien. Ihre ausladenden Kronen prägen das Landschaftsbild.

*Abendstimmung bei Aigues-Mortes mit Pinien und Flamingoschwarm.*

**Port Camargue:** Dieser Ort mit seinem Yachthafen entstand ab dem Jahr 1969 auf bis dahin ungenutztem Sumpf- und Dünenland. Der Architekt Jean Balladur verwirklichte hier seine Idee „vom Bett ins Boot", indem er Appartementhäuser aus Beton direkt mit Anlagestellen für Yachten versehen ließ. Der Strandabschnitt zwischen Port Camargue und Le-Grau-du-Roi ist mittlerweile durchgehend bebaut.

**Reis:** In der Camargue werden vier Reissorten angebaut und jährlich etwa 75 000 Tonnen Reis produziert. Eine besondere Sorte ist der Rote Camargue-Naturreis, dessen eigentlich weißes Korn von einer rotbraunen Haut umschlossen ist.

*Camargue-Reis*

**Restaurants:** In einem touristisch erschlossenen Gebiet wie der Camargue gibt es sehr viele Restaurants. Die Qualität der Speisen ist meist sehr gut, allerdings muss man auch mit höheren Preisen als in Deutschland rechnen.

**Rhone** (oder französisch Rhône): der wasserreichste Fluss Frankreichs. In seinem Delta liegt die Camargue. Bei Arles teilt sich die Rhone in die Petit und die Grand Rhône.

**Saintes-Maries-de-la-Mer:** Die „Hauptstadt" der Camargue. Malte Van Gogh hier noch Fischerboote, leben die Einwohner heute fast ausschließlich vom Tourismus, und so sind das Stadtleben und die Infrastruktur touristisch geprägt. Zahlreiche Appartements, Campingplätze, Restaurants und Pferdehöfe findet man am Ort und dessen Umgebung. Alljährlich findet am 24. Mai die Wallfahrt der Fahrenden zu Ehren der Heiligen Schwarzen Sara statt.

*Die im 14. Jahrhundert zur Wehrkirche umgebaute Notre-Dame-de-la Mer in Saintes-Maries-de-la-Mer.*

**Salinen:** Ein wichtiger Wirtschaftsfaktor in der Camargue ist die Salzproduktion.

*Salinen bei Aigues-Mortes.*

**Salz:** In der Camargue allgegenwärtig, gut sichtbar zum Beispiel am Rand der schmalen Kanäle, die um die flachen Étangs führen. Ein wichtiger Wirtschaftsfaktor (siehe Salinen). Beeinflusst entscheidend die Vegetation.

*Salzkruste an einem Kanal.*

**Schilf:** Die Schilfgürtel der mit Süßwasser gefüllten Étangs bieten zahlreichen Wasservögeln Lebensraum. Purpurreiher, Rohrdommel, Rohrsänger, Rohrweihe und viele andere Vögel leben hier. Besonders groß ist der Schilfgürtel um den Étang du Charnier. Eine schnurgerade Straße führt von Gallician kommend auf einem Damm durch dieses Gebiet.

**Spanisches Rohr:** Als Windschutz wird gerne dieses bis 6 m hohe Gras angepflanzt. Ursprünglich stammt es aus Zentralasien, in der Camargue sieht man es sehr häufig an Gräben.

*Spanisches Rohr und Schilf an einem Graben.*

**Stechmücken:** Leider muss man in der warmen Jahreszeit mit diesen Plagegeistern rechnen. Den besten Schutz bietet eine lockere Bekleidung, die Arme und Beine bedeckt. Sehr hilfreich sind Schnakenschutzgitter an den Fenstern der Unterkunft, damit man nachts ungestört lüften kann. Fragen sie doch vor einer Buchung danach.

**Stiere:** In der Camargue werden etwa 15 000 Stiere einer recht kleinen, schwarzen Rasse (Schulterhöhe selten mehr als 1,30 m, Gewicht bis zu 450 kg) auf weiten, oft sumpfigen Weiden gehalten. Die Stierzüchter werden „Manadiers“, die Hirten „Guardians“ genannt. Die Stiere spielen in der Tradition auf Festen und beim typischen Stierkampf „Course Camarguaise“ eine große Rolle.

*Schwarzer Stier*

**Supermärkte:** In der Peripherie vieler Städte gibt es große Supermärkte. Fast alle Artikel des täglichen Bedarfs sind dort erhältlich. Viele Supermärkte haben auch an Sonn- und Feiertagen am Vormittag geöffnet.

**Tanken:** Die Kraftstoffpreise sind in etwa auf dem gleichen Niveau wie an deutschen Tankstellen. Dieselkraftstoff (Gasoil) ist meist etwas billiger. Am günstigsten sind die Tankstellen der Supermärkte.

**Wallfahrt der Fahrenden:** Aus ganz Europa treffen sich am 24. Mai Sinti und Roma zu einer Prozession zu Ehren ihrer Schutzheiligen Schwarze Sara in Saintes-Maries-de-la-Mer.

**Wein:** Viele Weine der Camargue werden als „Vin de Sable“, als Sandwein bezeichnet. Die Anbaugebiete haben sandige Böden und die Küstenluft bringt besondere Aromen. Probieren sie doch einen der leichten, trockenen Roséweine – ein ideales Getränk für laue Sommerabende.

**Zikaden:** Pünktlich zum Sommerbeginn schlüpfen die Zikaden und erfüllen die Gegend mit ihrem typischen Gesang.

# 14 Geschichte und Wissenswertes der Camargue

Das sumpfige und von Mücken übersäte Gebiet der Camargue war lange kaum bewohnt. Im Zentrum der Camargue gibt es daher nur wenige antike Zeugnisse. Der Nordrand der Camargue mit Arles hatte aber schon vor unserer Zeitrechnung historische Bedeutung. Bereits Julius Cäsar hatte hier eine römische Militärkolonie. Die historische Altstadt von Arles sollte von jedem Südfrankreichreisenden besichtigt werden. Das römische Amphitheater bietet für den unblutigen Stierkampf Course Camarguaise und natürlich auch für Theateraufführungen eine beeindruckende Kulisse. Die Baukunst der Römer wird am nahen Pont du Gard besonders deutlich. Dieses bestens erhaltene Viadukt liegt etwa 40 km nordwestlich von Arles. Ein Besuch dieses Bauwerks ist auf jeden Fall empfehlenswert.

*Das Amphitheater von Arles wurde um 90 n. Chr. erbaut.*

*Der Pont du Gard liegt zwar nicht in der Camargue, er ist jedoch von dort aus gut erreichbar.*

Saintes-Maries-de-la-Mer war schließlich eine der ersten Siedlungen auf dem Gebiet der Camargue direkt am Meer. Um das Jahr 40 n. Chr. soll hier die Schwarze Sara als Begleiterin und Dienerin von Maria Salome von Galiläa (Mutter von Johannes dem Täufer) und Maria des Kleophas (Schwester oder Schwägerin der Muttergottes) auf einer ruderlosen Barke angelandet sein. Die

Frauen waren auf der Flucht vor der Christenverfolgung in Israel. Am Landungsort gründeten sie eine Christliche Gemeinde – das spätere Saintes-Maries-de-la-Mer. Die Schwarze Sara wird besonders von den Roma verehrt, da sie mit Almosen ihren Lebensunterhalt erbettelte. Sie ist Patronin der Fahrenden. Ihre Statue wird jährlich am 24. und 25. Mai in einer Prozession ans Meer gebracht und mit Meerwasser benetzt. Historisch bewiesen ist die Existenz der Sara jedoch nicht.

Urkundlich erwähnt wird die Siedlung im 4. Jahrhundert als Sancta Maria de Ratis. Später, in den Jahren 859/860, zogen Wikinger von hier aus plündernd die Rhone aufwärts und noch etwas später, im Jahr 869, fielen Sarazenen von hier aus plündernd in Arles ein. Immer wieder kam es zu Piratenangriffen auf die Siedlung, sodass schließlich die Kirche im 14. Jahrhundert zu einer Wehrkirche ausgebaut wurde. Um das Dach verläuft ein mit Zinnen und Erkern versehener Wehrgang und die massiven Mauern sind mit Schießscharten versehen. Bei Belagerungen konnte sich die Bevölkerung in das Innere der Kirche zurückziehen. Ein Brunnen in der Kirche sicherte die Trinkwasserversorgung.

***Die mächtigen Mauern der Wehrkirche von Saintes-Maries-de-la-Mer.***

*Die Statue der Schwarzen Sara in der Krypta der Kirche.*

Im Jahr 1240 wurde Aigues-Mortes von Ludwig dem Heiligen als Hafen inmitten von sumpfigem Gelände gegründet. Die Zufahrt zum Meer wurde durch einen Kanal gewährleistet, da sich das Meer durch Verlandung der Sümpfe immer weiter von der Stadt zurückzog. Aigues-Mortes war Ausgangspunkt zweier Kreuzzüge. Einer führte 1248 nach Ägypten, einer 1270 nach Tunesien.

*Aigues-Mortes*

Ende des 19. Jahrhunderts wurde schließlich direkt am Mittelmeer, im sumpfigen Gebiet der Mündung des Flusses Vidourle, der Fischerhafen Le-Grau-du-Roi gegründet. Unweit der Hafenmündung entstand in den 1930er Jahren eine der ersten Betonbauten, ein wahrer Bauboom erfolgte ab den 1960er Jahren, als auch das benachbarte La Grande-Motte und Port-Camargue konzipiert wurden.

Spuren des 2. Weltkrieges lassen sich in der Crau entdecken. Die deutschen Besatzer ließen Steinhaufen errichten, um eine Luftinvasion zu verhindern. Die Deutschen befürchteten nämlich, dass die Alliierten die Ebene der Crau als Landeplatz wählen würden. Heute bieten diese Steinhaufen einigen scheuen Tieren ein Zuhause.

*Gebäude aus den Gründungsjahren an der Hafeneinfahrt von Le-Grau-du-Roi.*

*Überbleibsel aus dem 2. Weltkrieg: einer der zahlreichen Steinhaufen der Crau.*

*Ebenfalls aus dem 2. Weltkrieg und von unbekannten Künstlern bemalt: Bunkerruinen am Strand von l'Espiguette.*

*Während des Baubooms der 1960er Jahre entstanden die Betonpyramiden von La Grande-Motte. Heute unter Frankreichs Jugend ein beliebter Ferienort.*

Heute ist die Camargue geprägt durch Tourismus und Landwirtschaft.

*Badebetrieb am Strand von Port-Camargue.* *unten: Reisfeld*

# 15 Tier- und Pflanzenliste

## Ausgewählte Vögel in der Camargue

Diese wie auch alle weiteren Tabellen erheben keinen Anspruch auf Vollständigkeit, es sind bestimmt noch weitaus mehr Arten in den verschiedenen Landschaftstypen anzutreffen.

| **Deutsch** | **Wissenschaftlich** | **Englisch** | **Französisch** |
|---|---|---|---|
| Adlerbussard | *Buteo rufinus* | long-legged buzzard | Buse pattue |
| Alpenstrandläufer | *Calidris alpina* | dunlin | Bécasseau variable |
| Austernfischer | *Haematopus ostralegus* | oystercatcher | Huîtrier-pie |
| Bartmeise | *Panurus biarmicus* | bearded reedling | Panure à moustaches |
| Basstölpel | *Morus bassanus* | gannet | Fou de Bassan |
| Bekassine | *Gallinago gallinago* | common snipe | Bécassine des marais |
| Bienenfresser | *Merops apiaster* | European beeeater | Guêpier d'Europe |
| Blässhuhn | *Fulica atra* | common coot | Foulque macroule |
| Blauracke | *Coracias garrulus* | European roller | Rollier d'Europe |
| Brachpieper | *Anthus campestris* | tawny pipit | Pipit rousseline |
| Brandgans | *Tadorna tadorna* | shelduck | Tadorne de Belon |
| Brandseeschwalbe | *Sterna sandvicensis* | sandwich tern | Sterne caugek |
| Brillengrasmücke | *Sylvia conspicillata* | spectacled warbler | Fauvette à lunettes |
| Bruchwasserläufer | *Tringa glareola* | wood sandpiper | Chevalier sylvain |
| Cistensänger | *Cisticola juncidis* | zitting cisticola | Cisticole des joncs |
| Drosselrohrsänger | *Acrocephalus scirpaceus* | great reed-warbler | Rousserolle turdoide |
| Dünnschnabelmöwe | *Larus genei* | slender-billed gull | Goéland railleur |
| Dunkler Wasserläufer | *Tringa erythropus* | spotted redshank | Chevalier arlequin |
| Eisvogel | *Alcedo atthis* | kingfisher | Martin pêcheur |
| Feldlerche | *Alauda arvensis* | sky lark | Alouette des champs |
| Flussseeschwalbe | *Sterna hirundo* | gommon tern | Sterne Pierre-Garin |
| Goldregenpfeifer | *Pluvialis apricaria* | golden plover | Pluvier doré |
| Grauammer | *Emberiza calandra* | corn bunting | Bruant proyer |

| Deutsch | Wissenschaftlich | Englisch | Französisch |
|---|---|---|---|
| Graureiher | *Ardea cinerea* | grey heron | Héron cendré |
| Großer Brachvogel | *Numenius arquata* | Eurasian curlew | Courlis cendré |
| Grünschenkel | *Tringa nebularia* | greenshank | Chevalier aboyeur |
| Habichtsadler | *Hieraaetus fasciatus* | Bonelli's eagle | Aigle de Bonelli |
| Häherkuckuck | *Clamator glandarius* | great spotted cuckoo | Coucou geai |
| Haubenlerche | *Galerida cristata* | crested lark | Cochevis huppé |
| Kiebitzregenpfeifer | *Pluvialis squatarola* | grey plover | Pluvier argenté |
| Korallenmöwe | *Larus audouinii* | Audouin's gull | Goéland d'Audouin |
| Kormoran | *Phalacrocorax carbo* | cormorant | Grand cormoran |
| Krickente | *Anas crecca* | common teal | Sarcelle d'hiver |
| Kuhreiher | *Bubulcus ibis* | cattle egret | Héron garde-boeufs |
| Lachmöwe | *Larus ridibundus* | common black-headed gull | Mouette rieuse |
| Lachseeschwalbe | *Sterna nilotica* | gull-billed tern | Sterne hansel |
| Mariskensänger | *Acrocephalus melanopogon* | moustached warbler | Lusciniole à moustache |
| Mittelmeermöwe | *Larus michahellis* | yellow-legged gull | Goéland leucophée |
| Mittelmeersturmtaucher | *Puffinus yelkouan* | Yelkouan shearwater | Puffin yelkouan |
| Nachtigall | *Luscinia megarhynchos* | rufous nightingale | Rossignol philomèle |
| Nachtreiher | *Nycticorax nycticorax* | night heron | Héron bihoreau |
| Odinshühnchen | *Phalaropus lobatus* | red-necked phalarope | Phalarope à bec étroit |
| Orpheusspötter | *Hippolais polyglotta* | melodicus warbler | Hippolais polyglotte |
| Pfeifente | *Anas penelope* | wigeon | Canard siffleur |
| Pfuhlschnepfe | *Limosa lapponica* | bar-tailed godwit | Barge rousse |
| Prachttaucher | *Gavia arctia* | black-throated diver | Plongeon arctique |
| Purpurreiher | *Ardea purpurea* | purple heron | Héron pourpré |
| Rallenreiher | *Ardeola ralloides* | squacco heron | Héron crabier |
| Raubseeschwalbe | *Sterna caspia* | caspian tern | Sterne caspienne |
| Rohrdommel | *Botaurus stellaris* | bittern | Butor étoilé |
| Rohrweihe | *Circus aeruginosus* | marsh harrier | Busard harpaye |
| Rosaflamingo | *Phoenicopterus roseus* | flamingo | Flamant rose |
| Rotflügelbrachschwalbe | *Glareola pratincola* | collared pratincole | Glaréole à collier |
| Rotfußfalke | *Falco vespertinus* | red-footed falcon | Faucon kobez |
| Rotschenkel | *Tringa totanus* | redshank | Chevalier gambette |
| Säbelschnäbler | *Recuvirosta avosetta* | avocet | Avocette |
| Samtkopfgrasmücke | *Sylvia melanocephala* | Sardinien warbler | Fauvette mélanocéphale |
| Sandregenpfeifer | *Charadrius hiaticula* | ringed plover | Grand gravelot |

| Deutsch | Wissenschaftlich | Englisch | Französisch |
|---|---|---|---|
| Schafstelze | *Motacilla flava* | blue-headed wagtail | Bergeronnette printanière |
| Schelladler | *Aquila clanga* | spotted eagle | Aigle criard |
| Schlangenadler | *Circaetus gallicus* | short-toed eagle | Circaète Jean-le-Blanc |
| Schmarotzerraubmöwe | *Stercorarius parasiticus* | arctic skua | Labbe parasite |
| Schnatterente | *Anas strepera* | gadwall | Canard siffleur |
| Schreiadler | *Aquila pomarina* | lesser spotted eagle | Aigle pomarin |
| Schwarzkopfmöwe | *Larus melanocephalus* | mediterranean gull | Mouette mélanocéphale |
| Schwarzmilan | *Milvus migrans* | black kite | Milan noir |
| Seeregenpfeifer | *Charadrius alexandrinus* | Kentish plover | Gravelot à collier |
| Seidensänger | *Cettia cetti* | Cetti's warbler | Bouscarle de Cetti |
| Seidenreiher | *Egretta garzetta* | little egret | Aigrette garzette |
| Sichelstrandläufer | *Calidris ferruginea* | curlew sandpiper | Bécasseau cocorli |
| Sichler | *Plegadius falcinellus* | glossy ibis | Ibis falcinelle |
| Silberreiher | *Egretta alba* | great white egret | Grande aigrette |
| Skua | *Stercorarius skua* | great skua | Grand labbe |
| Stelzenläufer | *Himantopus himantopus* | black-winged stilt | Echasse blanche |
| Sterntaucher | *Gavia stellata* | red-throated diver | Plongeon catmarin |
| Stockente | *Anas platyrhynchos* | mallard | Canard colvert |
| Sturmschwalbe | *Hydrobates pelagicus* | storm petrel | Pétrel tempête |
| Teichrohrsänger | *Acrocephalus scirpaceus* | reed warbler | Rousserole effarvatte |
| Teichwasserläufer | *Tringa stagnatilis* | marsh sandpiper | Chevalier stagnatile |
| Temminckstrandläufer | *Calidris temminckii* | Temminck's stint | Bécasseau de Temminck |
| Tordalk | *Alca torda* | razorbill | Petit pingouin |
| Trauerseeschwalbe | *Chlidonias niger* | black tern | Guifette noire |
| Triel | *Burhinus oedicnemus* | stone curlew | OEdienème criard |
| Uferschnepfe | *Limosa limosa* | black-tailed godwit | Barge à queue |
| Waldwasserläufer | *Tringa ochropus* | green sandpiper | Chevalier cul-blanc |
| Weißbartseeschwalbe | *Chlidonias hybrida* | whiskered tern | Guifette moustac |
| Weißflügelseeschwalbe | *Chlidonias leucopterus* | white-winged black tern | Guifette leucoptère |
| Wiesenweihe | *Circus pygargus* | Montagu's harrier | Busard cendré |
| Zwergadler | *Hieraaetus pennatus* | booted eagle | Aigle botté |
| Zwergdommel | *Ixiobrychus minutus* | little bittern | Butor blongios |
| Zwergschwan | *Cygnus bewickii* | Bewick's swan | Cigne de Bewick |
| Zwergseeschwalbe | *Sterna albifrons* | little tern | Sterne naine |
| Zwergstrandläufer | *Calidris minuta* | little stint | Bécasseau minute |

# Ausgewählte Reptilien und Amphibien in der Camargue

| Deutsch | Wissenschaftlich | Englisch | Französisch |
|---|---|---|---|
| Eidechsennatter | *Malpolon monspessulanus* | Montpellier snake | Couleuvre de Montpellier |
| Europäische Sumpfschildkröte | *Emys orbicularis* | European pond turtle | Cistude |
| Gelbgrüne Zornnatter | *Hierophis viridiflavus* | green whip snake | Couleuvre verte et jaune |
| Griechische Landschildkröte | *Testudo hermanni* | Hermann's tortoise | Tortue d'Hermann |
| Knoblauchkröte | *Pelobates fuscus* | common spadefoot | Pélobate brun |
| Kreuzkröte | *Bufo calamita* | natterjack toat | Crapaud calamite |
| Mauereidechse | *Podarcis muralis* | common wall lizard | Lézard des murailles |
| Mauergecko | *Tarentola mauritanica* | European common gecko | Tarente |
| Mittelmeer-Laubfrosch | *Hyla meridionalis* | Mediterranean tree frog | Rainette méridional |
| Perleidechse | *Timon lepidus* | ocellated lizard | Lézard ocellé |
| Ringelnatter | *Natrix natrix* | grass snake | Couleuvre à collier |
| Smaragdeidechse | *Lacerta bilineata* | western green lizard | Lézard vert |
| Unechte Karettschildkröte | *Caretta caretta* | loggerhead sea turtle | Caret |
| Vipernatter | *Natrix maura* | viperine water snake | Couleuvre vipérine |

# Ausgewählte Insekten in der Camargue

| Deutsch | Wissenschaftlich | Englisch | Französisch |
|---|---|---|---|
| Ameisenlöwe | *Myrmeleon spec.* | antlion | Fourmilion |
| Becher-Azurjungfer | *Enallagma cyathigerum* | commun blue demselfly | Agrion porte-coupe |
| Blauflügel Prachtlibelle | *Calopteryx virgo* | beautiful demoiselle | Calptéryx vierge |
| Blauflügelige Ödland-schrecke | *Oedipoda caerulescens* | blue-winged grasshopper | Criquet bleu |
| Bronzene Prachtlibelle | *Calopteryx haemor-rhoidalis* | copper demoiselle | Calopteryx méditérraéens |
| Crau-Schrecke | *Prionotropis hystrix rhodanica* | Crau plain grasshopper | Criquet rhodanien |
| Dolchwespe | *Scolia spec.* | scoliid wasp | Scolie |
| Eisenfarbiger Samtfalter | *Hipparchia statilinus* | tree grayling | Faune |
| Englischer Bär | *Arctia festiva* | hebe tiger moth | Ecaille rose |
| Ernteameise | *Messor spec.* | harvester ant | Fourmis moissonneuses |
| Feuerlibelle | *Crocothemis erythraea* | scarlet dragonfly | Libellule écarlate |
| Finger-Laufkäfer | *Scarites buparius* | | |
| Gebänderte Prachtlibelle | *Calopteryx splendens* | banded demoiselle | Caloptéryx splendide |
| Gelber Aurorafalter | *Anthocharis euphenoides* | Marocco orange tip | Aurore de Provence |
| Gottesanbeterin | *Mantis religiosa* | praying mantis | Mante religieuse |
| Großes Nacht-pfauenauge | *Saturnia pyri* | great peacock | Grand paon de nuit |
| Hauben-Fangschrecke | *Empusa pennata* | conehead mantis | Diablotin |
| Helm-Azurjungfer | *Coenagrion mercuriale* | southern demselfly | Agrion de Mercure |
| Holzbiene | *Xylocopa violacea* | violett carpenter bee | Abeille charbonnière |
| Hufeisen-Azurjungfer | *Coenagrion puella* | azure demselfly | Agrion jouvencelle |
| Italienische Schön-schrecke | *Calliptamus italicus* | Italien locust | Criquet italien |
| Kleine Königslibelle | *Anax parthenope* | lessor emperor | Anax napolitain |
| Kleopatrafalter | *Gonepteryx cleopatra* | cleopatra | Citron de Provence |
| Osterluzeifalter | *Zerynthia polyxena* | southern festoon | Diane |
| Pokaljungfer | *Erythromma lindenii* | blue-eye | Naiade aux jeux bleus |
| Segelfalter | *Iphiclides podalirius* | scarce swallowtail | Flambé |
| Schwarzer Bär | *Arctia villica* | cream-spot tiger | Ecaille fermiere |
| Schwalbenschwanz | *Papilio machaon* | swallowtail | Machaon |
| Schwarzkäfer | *Pimelia bipunctata* | darkling beetle | Scarabée des dunes |
| Spanischer Osterluzei-falter | *Zerynthia rumina* | Spanish festoon | Proserpine |
| Vierflecklibelle | *Libellula quadrimaculata* | four-spottet chaser | Libellules à quatre taches |
| Wanderheuschrecke | *Locusta migratoria* | migratory locust | Criquet migrateur |
| Wolfsmilchschwärmer | *Hyles euphorbiae* | leafy spurge hawkmoth | Sphinx de l'euphorbe |

# Ausgewählte Pflanzen in der Camargue

| Deutsch | Wissenschaftlich | Englisch | Französisch |
|---|---|---|---|
| Aprikose | *Prunus armeniaca* | apricot | Apricot |
| Bienen-Ragwurz | *Ophrys apifera* | bee orchid | Ophrys abeille |
| Chinesischer Klebsame | *Pittosporum tobira* | Japanese pittosporum | Pittospore de Chine |
| Eukalyptus | *Eucalyptus* | eucalyptus | Eucalyptus |
| Dünen-Trichternarzisse | *Pancratium maritimum* | sea daffodil | Lis de mer |
| Erdbeerbaum | *Arbutus unedo* | arbutus | Arbousier |
| Gelber Hornmohn | *Glaucium flavum* | yellow hornpoppy | Pavot jaune des sables |
| Gladiole | *Gladiolus* | sward lilli | Glaieul |
| Granatapfel | *Punica granatum* | pomegranate | Grenade |
| Hasenschwanz-Gras | *Lagurus ovatus* | bunny tails | Queue-de-lièvre |
| Meersenf | *Cakile maritima* | sea rocket | Cakilier maritim |
| Oleander | *Nerium oleander* | oleander | Laurier-rose |
| Ölbaum | *Olea europea* | olive tree | Olivier |
| Osterluzei | *Aristolochia clematitis* | European birthwort | Aristoloche clématite |
| Queller | *Salicornia* | glasswort | Salicornes |
| Reis | *Oryza sativa* | rice | Riz |
| Riemenzunge | *Himantoglossum hircinum* | lizard orchid | Orchis bouc |
| Riesen-Knabenkraut | *Barlia robertiana* | giant orchid | Orchis géant |
| Rundknollige Osterluzei | *Aristolochia rotunda* | mercury goosfoot | Aristoloche à feuilles rondes |
| Schmalblättrige Ölweide | *Elaeagnus angustifolia* | silver berry | Arbre d'Argent |
| Schwarze Maulbeere | *Morus nigra* | black mulberry | Mûrier noir |
| Seidenbaum | *Albizia julibrissin* | Persian silk tree | Arbre de soie |
| Sibirische Schwertlilie | *Iris sibirica* | Siberian iris | Iris de Sibérie |
| Steppen-Schwertlilie | *Iris spuria maritima* | seashore iris | Iris maritime |
| Strandflieder | *Limonium vulgare* | sea-Lavender | Saladelle |
| Strand-Kamille | *Tripleurospermum maritimum* | sea mayweed | Matricaire maritime |
| Strand-Levkoje | *Matthiola sinuata* | sea stock | Giroflée des dunes |
| Strand-Mannstreu | *Eryngium maritimum* | sea holly | Panicaut |
| Strand-Schneckenklee | *Medicago marina* | coastel medic | Lucerne marine |
| Sumpf-Knabenkraut | *Anacamptis palustris* | | Orchis des marais |
| Sumpf-Schwertlilie | *Iris pseudacorus* | yellow flag iris | Iris de marais |
| Tamariske | *Tamarix afrikana* | tamarisk | Tamaris |

# 15 Literatur und Links

Nachfolgend meine persönliche Auswahl von Büchern und Links, die den Gästen der Camargue viele weitere interessante Informationen über die Geschichte, die Menschen, aber vor allem über die fantastische Tier- und Pflanzenwelt liefern.

Südliches Frankreich, Terra NaturReiseführer (Schnieper)

Tecklenborg Verlag, Steinfurt 2011

ISBN: 978-3-934427-73-0

Für jeden Naturliebhaber, der Südfrankreich besucht, unbedingt empfehlenswert.

Folgende Bücher sind nur noch antiquarisch zu erhalten. Im Internet wird man aber schnell fündig.

Die Crau Steinsteppe voller Leben (Megerle, Resch)

Naturerbe-Verlag, Überlingen 1988

ISBN: 978-3-980164-10-8

Dieses kleine Buch liefert ausführliche Informationen über diese einmalige Naturlandschaft. Allerdings sind einige Tourenvorschläge mittlerweile veraltet.

Provence mit Camargue (Ziegler)

Iwanowski's Reisebuchverlag, Dormagen 2004

ISBN: 978-3-933041-54-8

Ein Reiseführer nicht nur für Naturliebhaber. Liefert viele Informationen zu Land und Geschichte.

Vogelparadiese Europas (Angelo Gandolfi)

Karl Müller Verlag, Erlangen 2000

ISBN: 978-3-86070-412-7

Ein schöner Bildband, der Tourenvorschläge für Vogelbeobachtungen in verschiedenen Gebieten Europas aufführt. Ein ausführliches Kapitel behandelt die Camargue.

**HB Naturmagazin draußen – Camargue**

Die HB-draußen-Serie war für Naturliebhaber sehr informativ. Das Bildmaterial ist natürlich in der 30 Jahre alten Broschüre veraltet, das Heft liefert jedoch immer noch einen sehr guten Überblick über die Natur der Camargue.

## Landkarten

**IGN Blatt 171 Marseille – Avignon**, PNR de camargue

Institute Geographique National 1:100 000

Diese Karte zeigt fast alles Wichtige und hat ein sehr gutes Preis-Leistungs-Verhältnis.

## Bestimmungsbücher

**Der Kosmos Vogelführer: Alle Arten Europas, Nordafrikas und Vorderasiens (Svensson, Grant, Mullarney, Zetterström)**

Franckh-Kosmos Verlag, Stuttgart 2011

ISBN: 978-3-440-12384-3

Die Bibel für Vogelbeobachter, es gibt keine wirkliche Alternative zu diesem Vogelbestimmungsbuch.

**Der neue Kosmos Strandführer: 1500 Arten der Küsten Europas (Hayward, Smith, Shields)**

Franckh-Kosmos Verlag, Stuttgart 2007

ISBN: 978-3-440-10782-9

Muscheln, Schnecken und andere Tiere, welche man am Strand findet, werden beschrieben.

**Mediterrane Wildblumen. Pflanzen des westlichen Mittelmeerraums (Fletcher)**

Dorling Kindersley, München 2008

ISBN: 978-3-8310-1164-3

# Internet

**camargue-photos.de** Seite mit stimmungsvollen Fotografien aus der Camargue, lassen Sie sich inspirieren.

**cen-paca.org** Naturschutzorganisation der Region Provence – Alpes – Côte d'Azur. Unter anderem finden sich hier Informationen zur Crau. Klicken Sie auf „l'écomusée" (leider nur auf Französisch).

**parc-camargue.fr** Seite auf Französisch, in der Linkliste (Liens utiles) finden sich jedoch viele für Touristen wichtige Seiten, welche teilweise auch in deutscher Sprache vorliegen.

**provence-entdecken.de** Deutschsprachige Seite für einen ersten Überblick

**reserve-camargue.org** Seite des staatlichen Naturschutzbundes

**saintesmaries.com** Seite mit touristischen Informationen

• • •

Und nun wünsche ich Ihnen viele eindrückliche Naturerlebnisse in der Camargue.

*oben: Étang du Fangassier*

*unten: Étang de Vaccarès*

# 17 Register

R



S



T



V



W



Z